赛鸽丛书

养鸽新法

(第2版)

顾澄海 编著

上海科学技术出版社

图书在版编目(CIP)数据

养鸽新法/顾澄海编著. —2版. —上海:上海科学技术出版社,2010.5(2024.10重印)
ISBN 978-7-5478-0290-8

Ⅰ.①养… Ⅱ.①顾… Ⅲ.①鸽-饲养管理
Ⅳ.①S836

中国版本图书馆CIP数据核字(2010)第080852号

上海世纪出版(集团)有限公司 出版、发行
上海科学技术出版社
(上海市闵行区号景路159弄A座9F-10F)
邮政编码201101 www.sstp.cn
浙江新华印刷技术有限公司印刷
开本 889×1194 1/24 印张 $5\frac{1}{3}$
字数 100千
2001年12月第1版
2010年5月第2版 2024年10月第14次印刷
ISBN 978-7-5478-0290-8/G·59
定价:25.00元

如发生质量问题,读者可向工厂联系调换

CONTENT SUMMARY

内 容 提 要

近年来赛鸽运动在高额奖金的刺激下发展迅猛,养鸽技艺日新月异。本书以参赛得名次、获奖金为主线,重点介绍养鸽方面的新方法、新技术和新理念,内容涉及养鸽选址、选种配对、育雏、饲养管理、饲料营养、训练、比赛等养鸽的方方面面,可谓养鸽新法的大荟萃,对广大赛鸽爱好者具有较高的指导意义和参考价值。

PREFACE

再版前言

《养鸽新法》(第一版)是2001年1月出版的,至今已近10年。10年来,鸽赛在高额奖金的刺激下,养鸽技艺日新月异,当时的新法也已经过时了。何况第一版的许多章节脱胎于1995年3月出版的《信鸽的饲养和竞飞训练》,脱了"胎"并没有"换骨",因此与当前的鸽赛实际相去甚远。因此,收集和整理时下赛鸽运动的新经验,把第一版来一个脱胎换骨的改写,使其成为真正的"新法",是一件很有意义的工作。根据这样的考量,对第一版的内容作了大幅度调整,都围绕着一个中心——比赛和夺冠,这是所有养鸽者的出发点和最终目标。新增加的"赛季中的10种常发病防治"也是围绕比赛和夺冠这个中心安排的,而不是把所有鸽病面面俱到地泛泛而谈。如果说第一版是根据当时养鸽者的实际需要编写而成的一本养鸽"入门"和"指南",现已完成了它的使命;第二版是赛鸽运动近10年来的发展和创新的整理和提

升,是不是有新意,还请读者们评判。再过10年,今天的新法又将老去,养鸽者又将创造更新的方法,永远不会停留在一个水平之上。

编著者
2010年4月

CONTENTS

目 录

一、家鸽三大类，赛鸽第一位　　　1

1. 家鸽的祖先　1
2. 食用鸽　3
3. 观赏鸽　4
4. 飞翔鸽　7
5. 现代赛鸽　8
6. 工作鸽　13

二、鸽舍要讲究地势和气势　　　15

1. 鸽舍选址　15
2. 鸽舍的要求　18
3. 鸽舍形式　20
4. 鸽舍的设施　23
5. 养鸽必备器具　30

三、选种是根本，配对有技巧　　　35

1. 挑选种鸽　35
2. 种鸽育种　38

 3. 配对年龄 ◎39
 4. 一雄配多雌 ◎42
 5. 选配方法 ◎44
 6. 配对前的准备 ◎48
 7. 配对技巧 ◎48
 8. 学一点遗传学知识 ◎49

四、育雏是比赛的起跑线 ◎54

 1. 选择最佳繁殖季节 ◎54
 2. 产蛋、选蛋与孵蛋 ◎55
 3. 配备"保姆鸽" ◎60
 4. 雏鸽的筛选 ◎60
 5. 雏鸽的养护 ◎62

五、饲养促生长，管理保健康 ◎65

 1. 保持鸽舍的清洁卫生 ◎65
 2. 按时喂食和给水 ◎68
 3. 沐浴 ◎71

六、赛鸽的主食与副食 ◎73

 1. 能量饲料 ◎73

2. 蛋白质饲料 ◎77

3. 脂肪类饲料 ◎78

4. 全价配合饲料 ◎80

5. 矿物质饲料 ◎82

6. 保健土 ◎83

7. 维生素饲料 ◎84

七、赛季的10种常发病防治 ◎85

1. 秋训伊始发生的腺病毒 ◎85

2. 救治嗉囊炎是当务之急 ◎87

3. 大肠杆菌使幼鸽临赛拉稀 ◎88

4. 秋夜贼风吹来单眼伤风 ◎89

5. 呼吸道病是临赛之大敌 ◎91

6. 毛滴虫是速度鸽的杀手 ◎92

7. 赛鸽高峰时球虫肆虐日 ◎94

8. 沙门氏菌病影响鸽子繁殖 ◎96

9. 鸽赛高潮与鸽痘高发同行 ◎98

10. 蠕虫病常使幼鸽的赛绩下滑 ◎100

八、赛鸽要进行魔鬼式训练　102

1. 幼鸽的认巢训练　103
2. 幼鸽开家训练　103
3. 家飞训练　105
4. 短距离训练　106
5. 挤笼训练　108
6. 特种训练　109

九、用巅峰状态的赛鸽去夺冠　112

1. 调节临赛状态　113
2. 参赛鸽的年龄　115
3. 大条要完好无损　115
4. 呼吸道要畅通　116
5. 饮食要节制　116
6. 归巢鸽的保养要点　116

赛鸽丛书 *S* AIGE CONGSHU

一、家鸽三大类，赛鸽第一位

亿万年的进化，大自然创造了一个灵秀独具的动物种类——鸽子。

鸽子究竟有多少种？众说纷纭。据日本《动物大世界百科》介绍，鸽子共有5个种群，250多种。美国《国际大百科》的记载略多一些，认为有290种。《美国大百科全书》和日本《世界大百科事典》又加了点码，认为整个鸽子家族将近300种。另外，日本的《万有百科大事典》则声称属于鸠鸽科的鸟类多达550种。各家的分类标准和方法虽不尽相同，但有一点是一致的，即鸽子是个大家族。

在这个大家族里，选择其中一支——信鸽，作为本书叙述的重点。但为了说清这个主角，在这里有必要对它的堂兄弟和表姊妹即家鸽祖先食用鸽、观赏鸽和飞行鸽做一个简略的介绍。

1. 家鸽的祖先

今天的各种家鸽，都是经过人类数

岩　鸽

多种多样的家鸽品种起源于一个共同的祖先——岩鸽

千年饲养驯化而成的。那么家鸽的祖先是谁呢？300年前，我国明代学者张万钟在其《鸽经》中记载："野鸽逐队成群，海宇皆然。"这里说的野鸽，便是未经驯化的野生原鸽。英国生物学家达尔文(1809~1882年)更对家鸽的形成作了系统的考察，他在探索家养生物起源和变异的奥秘时，对品种众多，羽色、形态又极其俊丽的家鸽产生了特殊的兴趣。他不仅亲自养鸽，观察和走访调查，还参加

鸽群晨飞

每当朝日初升，万千鸽子自由翱翔于苍山、碧海、蓝天之际，蔚为壮观

了伦敦两个养鸽俱乐部,与众多养鸽爱好者交朋友,通过对20多种家鸽的鉴定,他在《物种起源》一书中下了这样一个定义:"多种多样的家鸽品种起源于一个共同祖先——岩鸽。"这种岩鸽也就是我国原鸽中的一种。它们生息于朝鲜、印度等地区,在欧洲南部和地中海沿岸一带更为繁盛。每当朝日初升,万千鸽子自由翱翔于苍山、碧海、蓝天之际,蔚为壮观。

野生岩鸽生息在海岸边的岩崖上,在岩石中间衔枝筑巢繁殖后代,栖息海边,渴饮海水,以补给体内盐分。这种习性在今天的信鸽身上得到了延续。例如多数信鸽不喜欢在树上栖息,即使给它们准备了柔软的草窝,还是要衔点枯枝干草铺在上面。它们还有喜食盐土的习惯。这些都为达尔文的定义提供了有力的佐证。

岩鸽、林鸽等野生鸽子具有多方面的适应性能,不仅有飞翔落居的本领,还能凭借太阳、月亮、星辰,运用视觉、听觉和嗅觉来辨认方向的本能。西伯利亚的一种野生柳莺鸽,体重只有信鸽的三分之一(约150克),却每年能从居地飞往东非过冬,飞程远达15 000千米。野生鸽子的这种特殊本领,可称作"天体导航",目前已成为科学家研究的一个课题。

鸽子与鹅、鸭、鸡等禽类不同,仍保持飞翔能力。且看下列记录:最远的记录——西德一羽汉诺佛鸽子于1971年11月创造的,飞程约16 090千米;最快的记录——英国维金父子所饲养的鸽子于1965年5月创造的,每分钟飞行2 950米,即时速177千米。显然,今天信鸽的飞翔能力是野生原鸽望尘莫及的。这是因为在一定的自然环境和社会经济、科学技术条件下,为某一特定的目标对动物进行定向培育,就有可能逐步形成不同的种群。在家鸽中,有善于飞翔且具良好归巢性能的飞行鸽,还有争奇斗艳的观赏鸽和大腹便便的肉用鸽等,它们各自的特点,都是人类介入大自然共同创造的结果。

2. 食用鸽

食用鸽(又称"肉用鸽"),是家鸽成员中最早的一族。河南三门峡殷墟妇好墓出土的商玉鸽,体态肥硕可爱,可与今天的王鸽相媲美。殷商正是原始社会向奴隶社会过渡时期,社会生产力得到了发展,先民改进了狩猎工具,猎获的野鸽子多了,吃剩有余,驯养起来,成为家鸽。

欧洲王鸽

英、法、德国引进美国王鸽,与伦替鸽、卡奴鸽杂交而成,体重1 400~1 500克

食用与展览两用鸽

既有肥大的肌体,又有艳丽的羽毛,具有食用和观赏价值

　　据西周《周礼注疏》记载御厨为周天子用膳的菜单:"庖人掌共六畜、六兽、六禽。"六禽指雁、鹑、鷃、雕、鸡、鸽。说明我国在公元前1066年至公元771年已经用鸽子烹制佳肴了。先民们用极其简陋的笼具圈养野鸽,难免会逃跑,但鸽子有归巢本能,飞走的野鸽去而复返,进笼吃食。那些成年鸽子还自动配对,繁殖后代。于是一个全新的品种——"食用鸽"诞生了。

　　几千年来,经过不断改良和发展,食用鸽已成为一个巨大的种群。全世界食用鸽品种多达100多个,体重大的可达2 500克。食用鸽有不同的体型,不同的羽色,它们不仅给人们提供美味和营养,而且有些品种也极具观赏价值。

3. 观赏鸽

　　观赏鸽又称"玩赏鸽"。明代张万钟所著的《鸽经》对鸽子的观赏价值叙述很多,对花色品种的介绍尤为详尽。综合各方面的资料,我们大致可以把观赏鸽分成以下几类:

　　(1)羽色类　以其绮丽的羽毛供人

赛鸽丛书 AIGE CONGSHU

蓝靴头
中国观赏鸽,自头部至颈部都是蓝色,形似倒置的靴子而得名

黑孔雀
全身黑色,有38根尾羽,开屏时形似孔雀

观赏。如点子、两头鸟、环儿、铁翅、玉翅、靴头等。《鸽经》中提到的还有凤尾齐、巫山积雪、十二玉栏杆、玉带围、平分春色、毛脚白等。古老的北京城,饲养观赏鸽是全国首屈一指的。老舍先生的文章把北京的观赏鸽分为点子、乌、环、玉翅四大类。点子有黑点子与紫点子两种;乌与点子接近,只是头上的黑毛与紫毛延长到了肩部与胸部,其中还有黑翅与紫翅以及尾羽黑白的区别;环分黑环、玉环;玉翅分灰玉翅、黑玉翅和紫玉翅,以及三块玉、四块玉等。

（2）羽装类　如果说羽色类观赏鸽是中国的特色的话,那么羽装类观赏鸽是欧洲的风格。近30年来我国鸽友大量引进,它们以奇特的羽毛引人入胜。如扇尾鸽,它的尾羽有38根(一般鸽子是12~20根),散开来像一把扇子,又似孔雀开屏,故又称孔雀鸽。还有毛领鸽、毛脚鸽、雏胸鸽和雏背鸽等。

（3）体态类　它们以奇形怪状的体态逗人开心,如球胸鸽、大嗉鸽和吹气鸽,它们的嗉囊像吹足气的皮球,体型高挑挺拔,各种羽色的都有。还有大鼻鸽、马头鸽、龙鸽和掌趾鸽等。

(4)表演类观赏鸽　以其各种奇特的技巧表演引人入胜。这类观赏鸽可说是我国特有的品种,如筋斗鸽,有从左到右平飞转动的"高翻",有从上到下半空转动的"腰翻",有在屋檐上下转动的"檐翻",还有贴着地面的"地翻"。更有一种身怀绝技的"小青猫",表演时直插云霄,迅速盘旋飞翔。观赏者备一盛水木盆,从水中看它矫健的倒影,只见它流星飞转,其影子却从不越出水盆之外。

(5)鸣叫类观赏鸽　以其特殊的鸣声取悦于人。鸟类专家认为,鸽子的啼鸣绝不是为了让人们欣赏它的歌喉,也不是以歌唱自娱,而是为了求偶、争食、夺巢而发出的呼唤或示威。鸽子的鸣声,有厚若洪钟,有细似絮语,虽不及百灵、画眉,但也别有一番情趣。在俄罗斯和德国有一种喇叭鸽,叫声胜似号手在吹奏。在阿拉伯地区还有一种笑鸽,它

红羽喇叭鸽

除头、尾、脚被白羽外,一身红羽,其叫声犹似小号,故又名"喇叭手鸽"

们求偶声近似人类的哈哈大笑。

此外,还有一种供人观赏的鸽子但不是观赏鸽,如堂鸽、广场鸽等。堂鸽是教堂、寺庙饲养的鸽子。有些教徒把居处饲养的鸽子看作神圣不可侵犯的神鸟,但也有是供旅游者或香客们观赏的。杭州灵隐寺、上海城隍庙、苏州玄妙观等都曾养过鸽子。在北京紫禁城内,清朝皇帝也养过鸽子。我国封建统治者习惯把他们的宫殿称为"宗庙堂",因而不妨把这类鸽子也归在堂鸽之中。旧印度王朝禁宫内养的"神鸽"也属此类。

许多世界名城的公共场所也常养有大群鸽子,作为爱好和平友谊的象征,并为四方到来的游客助兴,如法国巴黎、英国伦敦、波兰华沙和俄罗斯莫斯科等大都市的广场鸽群,都是闻名于世的。这种供人游乐的鸽子,已不是原来意义上的观赏鸽,究其源当由堂鸽演化而来。

4. 飞翔鸽

飞翔鸽(又称"飞行鸽")是通信鸽、军用鸽和赛鸽的统称。最初的养鸽者,如同养鸟、养鸡、养狗、养猫者那样,既利

戴 笠 鸽

中国古老飞翔鸽,头顶有少量白毛,好像戴一顶帽子而得名

用它们为主人通信、报晓、看门和捉鼠,又取其可爱的一面,成为逗耍取乐的活玩具。养鸽者在发现鸽子有归巢本能后,就利用其为人送信。鸽子在为主人带信时常常数羽同时放出,而回归却有先有后,鸽主对先归的鸽子自然备加喜爱,由此渐渐激发了人们相互竞翔的欲望,从而发展成为赛鸽这一高尚的体育运动。人们为了夺取胜利,各自在繁殖、饲养和训练上潜心探索和研究,不断设法改进,终于形成了一个新的品种——赛鸽。

早在18世纪初,比利时安特卫普的爱鸽家乌连将岩鸽同波斯传信鸽、翻飞鸽及史密特鸽杂交,培育成世界上最早的赛鸽。因此,乌连被誉为赛鸽的鼻祖。

赛鸽的出现,为人类养鸽史翻开了崭新的一页,并展示了无限广阔的前景。特别是在今天,人们一提到信鸽,已经不是为人类传书通信的飞翔鸽,而是用来竞翔比赛的赛鸽。目前,包括我国在内的许多国家,都把信鸽比赛列为群众性的体育项目。随着赛鸽活动的广泛开展,养鸽者在育种、饲养、训练等方面大下工夫,于是一些老品系得到肯定,并提纯复壮,许多新的优良品系也接二连

三地应运而生。

5. 现代赛鸽

(1)初创时期　我国有组织的信鸽比赛始于20世纪20年代的上海。当时的上海被称为"冒险家的乐园",吸引着国外大大小小的"冒险家"。他们当中有人带来了一批赛鸽,开展鸽子比赛活动。1920年前后,英商伦昌洋行买办杰克逊和巡捕房的巴尔以及凡波、保恩司、哥伦布、巴斯固尔、威林乌特等一批英美侨民,在上海建立了第一个信鸽会。因为初建时中国人参加极少,所以称为"上海西人信鸽俱乐部"(简称SHC),有会员二三十人。后来上海华人的养鸽队伍逐渐扩大,在南市的"中国地界"也成立一个信鸽协会,名"上海市市立动物园信鸽研究会"。赛鸽活动日益频繁,赛绩也有所提高,并拥有诸如"淞江灰"、"嘉兴灰"、"紫金砂"、"琉砂"等一批中国名鸽。只是由于长期近亲交配,逐步退化,特别是在飞行速度上难以同外侨饲养的英国高鼻瘤鸽相匹敌。开始,"上海西人信鸽俱乐部"以"华人信鸽不够水准"为借口,拒绝中国人参加他们的信鸽会。原籍广东,曾获德国医学博士学位的李

"夏阳悍将"

2008年上海市500千米33 376羽冠军

梅龄医生,为振兴我鸽威,决心与西侨信鸽作一次较量。首先相约了黄钟、周昌善、欧阳惠民、郭子颐等鸽友,申请加入"上海西人信鸽俱乐部",取得与西人比赛的资格。接着于1928年从德国引进名系种鸽10羽,有"伟奇"、"固耐"、"密勒","麻尔"、"麻尔·阿亨"、"克伦巴"和德国军用鸽等8个品系。他把其中浅羽色信鸽给了他的好友黄钟,他所喜爱的深羽色信鸽由自己饲养。经过4年的精心培育,到1933年,在各站放飞中已经初露锋芒。1935年,"上海西人信鸽俱乐部"举行首次1 000千米级的天津竞赛,李梅龄的一羽中雨点雌鸽"32SHC795"力挫群

05—030003 ♀R

"铁扇公主"

2007年上海市1 000千米14 036羽冠军

雄,一举成名,荣获冠军。不久,大批中国养鸽者加入了俱乐部,并改名为"上海信鸽会",公开推举李梅龄出任会长,黄钟任副会长。除原有的西侨会员外,吸收一大批中国会员参加,这是我国最早的信鸽组织。

新成立的上海信鸽会,显示了相当大的活力。几年中,队伍不断壮大,赛事频频,赛线增长,赛绩显著。这个蓬勃发展的势头,给全国各地的信鸽活动以有力的推动。而上海培育的著名的"李梅龄系"、"黄钟系"等优良品系,又给各地以物质上的支援。杭州和武汉是起步较早、发展较快的地区,杭州于1930年2月就成立了"杭州市信鸽研究会",1932~1936年5次放飞南京,都取得了较好成绩。

赛鸽丛书　AIGE CONGSHU

05—282362　♀S

"天　山　仙　女"

2007年上海市2 790千米冠军

一、家鸽三大类，赛鸽第一位

　　(2)发展时期　抗日战争开始，上海沦为孤岛，鸽赛无法举行，协会也被迫停止活动。全国其他一些地方处于初创期的信鸽活动也随之停顿。抗日战争胜利后，信鸽活动得到了迅速恢复和发展。1946年元旦，上海成立了"中国胜利信鸽协会"，协会还曾出版过不定期的刊物《鸽讯》。1949年，中国胜利信鸽协会分裂为两个鸽会，一是上海信鸽协会，由李梅龄任会长，黄钟任副会长；另一个为中国信鸽协会，会长朱永年。在此前后，住在浦东的一部分会员为方便训练和比赛，另建联东信鸽协会，由王渊静任会长。全国其他地方也有所发展。

　　1949年10月1日新中国诞生后，全国许多大城市纷纷建立信鸽组织。在上

赛鸽丛书　AIGE CONGSHU

海，除原有的中国信鸽协会、上海信鸽协会和联东信鸽协会外，又成立了4个组织，它们分别是和平信鸽协会、标准信鸽协会、联合信鸽协会和沪西信鸽协会。1963年，由刘务波、卞忠元、赵德明等人筹建统一的上海信鸽协会，挂靠在上海市园林管理处的花木公司，原来的几个协会同时宣布解散。从这以后，在鸽协的统一组织、领导下，各地都有计划地进行了许多比赛活动，也出现了不少好成绩。

改革开放以来，我国信鸽事业有了蓬勃发展，各地协会的恢复和建立更如雨后春笋。为了加强群众性信鸽活动的领导，使之能更健康、更迅速地发展，于1984年12月6日成立了全国统一的中国信鸽协会，并编辑出版了《中华信鸽》杂志。

随着中国信鸽协会的成立，全国各地相继成立了33个信鸽协会，全国会员从3万人猛增到30万人以上，每年发放足环超过1 000万枚。1997年1月在瑞士的巴塞尔市举行的第25届国际信鸽联盟代表大会，以压倒多数的选票通过接纳中国加入国际鸽联的决议。同时，在世界信鸽锦标赛和世界排名大赛上都取得了好成绩。从1999年起每年举办一次规模空前的国家赛，至今已办了11届。据不完全统计，全国有400个赛鸽公棚。各地鸽会每年都要举办多次从300~1 500千米及以上的常规赛，年终举行一次全国性的信鸽品评比赛。这一切都标志着我国信鸽活动已走上了一个新台阶。我国已经从一个信鸽大国向信鸽强国迈进。

中国有30多万会员，每年发放足环1 000万枚以上，规模已经超过欧洲巴塞罗那国际赛。说我国是赛鸽大国是当之无愧的，但还不是赛鸽强国。改革赛制，是我国赛鸽走强的必由之路。目前我国的主要赛事是500千米幼鸽赛（这里有诱人的巨额奖金赛）和近400个公棚赛，这些都是当年幼鸽赛，而经典的1 000千米长程赛，在全国33个省级鸽会中，除上海、江苏还坚持举办外，其他地方基本取消了。然而长程赛从选种、配对、饲养、训练到比赛，像似一个系统工程，冠军鸽的含金量高。中短程赛靠引进冠军鸽进行杂交，育出幼鸽就参赛。所以人们说长程赛是比鸽人的智慧和勤奋，中短程赛是比鸽子的品种优劣。我们不能"热了五百，冷了一千"，到时候又将从头开始，耽误时日。

6. 工作鸽

目前,工作鸽的应用范围主要有下述几类:

(1)预报地震　有研究资料表明,鸽子的感觉器官是极为敏锐的。一般在较大地震发生前一两天,鸽子就会出现一些异常的表现,如颈直立,头僵直地活动,羽毛耸起,好似看到了危险可怕的什么东西。有时还会突然飞起,甚至深更半夜也会惊飞出巢,而且不肯再回,等到地震过后才归巢。中国科学院生物物理研究所和动物研究所地震组,曾对1968年至1970年8月间在邢台地震区5个观察点的鸽子实验资料作过数理统计,检验结果证明鸽子在地震前的异常反应与地震的实际发生有显著的相关性。

(2)控制雷达　不少动物经过训练后可听从人的指令完成某种动作,就像我们在马戏表演时看到的那样。鸽子是一种颇具智慧而又反应敏锐、动作准确的动物。把鸽子置于一架有特殊功能的屏幕前,当飞行中火箭的轨道偏离军事目标时,屏幕上立刻出现该目标的光学图像。这时,经过训练的鸽子就会迅速作出反应,啄击屏幕。而鸽喙上是装有金属套环的,啄击时能启动控制火箭装置,产生相应动作。火箭回到正确轨道,屏幕上目标图像立刻自行消失,鸽子的啄击也同时停止。为了防止可能出现的误差,一般同时设置3个屏幕,使用3羽鸽子,使控制系统按照3羽鸽子中的多数动作行事,以保证火箭准确无误地飞向目标。

(3)海上救险　这主要是根据信鸽具有极好的视觉和宽阔的视野(120°)的生理特点,经过科学训练后达到这一使用目的的。具体训练方法:一般是先在能见度极弱的条件下让鸽子辨认橘红、红色和黄色。然后,把鸽子放入一个有特殊装置的透明的盒子,乘直升机在海面上飞行。当鸽子发现海面上出现三种颜色中任何一种颜色,就会踏上特制的踏板。此时,这架特殊装置便会一面蹦出谷物奖励鸽子,一面使机舱内的信号灯发出亮光。美国海军实验室研究员吉姆·西蒙斯运用上述方法做实验,结果证实鸽子辨认目标的准确率可达90%。现在,美国海军海洋研究中心已将这项试验成果投入应用,鸽子成了寻找海上遇难者和失落物体的有力助手。

(4)特种检验　鸽子的眼睛对物体的形状、颜色的细微差别有特殊的识别

本领。利用这一特点,可以训练鸽子进行特种检验工作。如把鸽子置于传送带旁,让药品、电子元件等一类小型产品依次在它眼前通过。由于训练时每当它啄击包装不合格的药品、药袋或电子元件时,都能得到食物奖励,已经形成条件反射,因而一旦正式担当这种工作,也必然能做到尽心尽力,十分称职。

(5)军事通讯 第一次世界大战和第二次世界大战中,协约国和盟国的军队中都大量使用鸽子通讯,在战场为部队传送情报。许多优秀军鸽立下了战功。在抗日战争中,八路军也曾经用军鸽传送情况,战士们称之为"活电报"。新中国成立后建立了十大军区,每个军区都曾有军鸽队。时下电子技术发展迅速,通讯设备非常先进,许多国家都以电子通讯取代了鸽子通信,取消了军鸽队的编制。但有军事专家持不同见解,认为军鸽通信还有它的存在价值。

我国边防部队某侦察连战士携带信鸽执行任务

二、鸽舍要讲究地势和气势

当决定要饲养信鸽时,首先要为它们建造一个家,一个安全、舒适并尽可能与广阔的蓝天联系起来的家。

要知道,鸽子一生中的绝大部分时间是在鸽舍中度过的。从起居饮食到"生儿育女",从环舍飞行训练到短距离归巢训练,都离不开鸽舍。研究证明,一羽被放飞于千里之外的信鸽,所以那样"归心似箭",那样不畏任何艰险飞翔回来,最根本的原因是"归巢欲"在起作用。信鸽对于自己的配偶和子女有较深感情,也是"归巢欲"中的一个重要因素,但是"不见了,忘记了",而对自己的巢舍一辈子也忘不了。归巢欲不是凭空产生的,它的物质基础正是你为它建造的这个"家"。如果这个家既无安全感,又不舒适,连鸽子的健康也无法保证,又怎么可能指望它们会有那么强烈的归巢欲呢?如果给它们安排一个理想的环境,理想的居住条件,那么你就有可能获得理想的种鸽、赛鸽和幼鸽,培育出能征善战的"勇士",在日益激烈的竞赛中摘冠。

1. 鸽舍选址

鸽舍选址十分重要,但对我国广大养鸽者、特别是居住在城市里的业余养鸽者来说,鸽舍的建造在很大程度上受环境的限制,多数还不具备主动支配环境的条件。因此,这里说的鸽舍选址,主要是从鸽子生活的需要提出的,至于现实中能否做到,则非本文所考虑的范围。

(1)良好的地势　过去养鸽子多半是业余的,冠军鸽奖励以精神奖为主,没有奖金,比赛纯粹是一种娱人自娱,鸽舍搭建都是跟着主人的住宅走,鸽舍选址的问题,少有现实意义。现在是高奖金比赛,专业鸽舍不断涌现,哪里地势好,就在哪里建造鸽舍。所谓"地势好",是不管老天爷刮东风还是刮西风,无论是放南路还是放北路,都对参加比赛的鸽子归巢有利。事实上这样的地势是没有的,因此有些鸽友就在不同的地点建造

赛 鸽 丛 书  AIGE CONGSHU

两个鸽舍。以上海为例,有人在浦东新区的最南边和嘉定区的最北边各建一个鸽舍,难道这样,每一项比赛他都能得冠军吗?当然不是。因为创造一个冠军有诸多因素,鸽舍选址只是其中之一。

(2)醒目的地标　鸽舍选址除了地势好之外,还有别的要求,如鸽舍周围要有醒目的地标,鸽舍周围视野开阔,四周没有障目高楼大厦。许多鸽友把鸽舍搭建在高层大楼的顶上,"鹤立鸡群",赛鸽归巢时远远就望见自己的老家,此时它兴奋异常,加速冲刺。听说美国华裔赛鸽高手苏维在选鸽舍时,蹲在机场附近边抽烟边思索,呆了个把小时。他来上海时,笔者好奇地问过他为什么把鸽舍建在机场附近?他说:"这里没有高层建筑物,归巢赛鸽目标明确。机场在建造前要做许多测定,如地貌、地质、气流、雨水等,要有利于飞机的起降,这些对赛鸽归巢一样有利。"

(3)附近有公路　这几年来,无论是顺风、逆风或侧风中比赛的鸽子,平均飞速都比过去快出10~20个百分点,其中鸽子的素质的提高是主要的,但高速公

双冠军鸽舍

鸽舍的外形并不起眼,但巴贝特比赛中2羽冠军鸽从这里飞出。它地处麦尔斯布克机场和高速公路附近,地势优越

赛 鸽 丛 书　AIGE CONGSHU

路的大量增加也是一个重要因素。这个未曾引起鸽友们注意的因素,最近得到了证实。英国牛津大学动物行为学讲师吉尔福说:"经过长达10年的研究,惊讶地发现,鸽子显然忽视其天生的方向直觉,改为依循地面道路系统飞行。"他的研究小组在牛津郡进行了数十次测试,每羽鸽子背上全球定位系统追踪装置,在距离鸽舍20~40千米放飞,发现大部分鸽子沿着A34公路飞行。研究人员破解了鸽子归巢路线的奥秘:"跟着公路飞"。为此,有些鸽友把鸽舍建造在高速公路旁边,一条金光大道,目标鲜明。高速公路车流不断,热浪滚滚,是鸽子乐意选择的飞行路线。

(4) 空距近胜远　舍址的选择还要求离比赛放飞地尽可能近一些。尽管现在都有GPS测定空中距离,路远或路近在分速计算上是公平的。但从赛鸽的体能消耗而论,在飞到最后的100千米的赛鸽,其飞速大大低于全程的平均分速。在同等条件下,飞600千米比赛的鸽子同

简 陋 鸽 舍
过去的鸽舍挤在民居中间,又矮了半截,"鸡窝里飞出金凤凰"是不可能的,即使在超长程比赛中得过好名次,那也不是"鸡窝"的因素

飞500千米的相比,成绩是截然不同的。在世界赛鸽史上享有盛誉的狄尔巴、卡特力斯、烈斯美特、马克·罗森斯、范德维根、戴扶连特、范内和鲍斯汀等名家,从地图上查找他们的鸽舍地址,你会发现一个有趣现象,都是在比利时南部,难道这是巧合吗?

2. 鸽舍的要求

(1)广阔的视野　要求能使在鸽舍望台上信步的鸽群抬头就看到辽阔的四野,在出舍之前就记清自己的归路;使高空飞行的鸽群在远处就能看到自己的家,并且毫无阻碍地俯冲直下,登堂入室。如能做到这一点,无论对幼鸽开家或赛鸽归巢,都大有益处。

过去,在一些大中城市中,因建筑物较集中,一般把鸽舍设在底楼的天井里或二层楼以上的晒台上。超高层建筑、高烟囱、高塔架、电杆林立、电线纵横,训练环舍飞行时,鸽子很容易撞上。特别是那些初出茅庐的幼鸽,它们缺乏飞行

山普森鸽舍
屋脊和屋檐都装有栅栏,不让鸽子栖息在屋顶上;屋顶上有个风帽,山墙上有百叶窗,保持鸽舍内良好的空气

经验,如果没有迅速聚焦的本领,最容易撞上电线,弄得皮开肉绽。而成年鸽疲劳时想要歇脚,又常把电杆当作栖木,同样会造成意外伤害。如果建鸽舍时无法避开障碍物,就要设法将鸽舍门方位作些调整,尽量不要正面面向障碍物。

有些鸽友认为,鸽舍前有几棵高树,让鸽子上树歇脚,日后超远程竞赛中可以避免天敌和人为捕捉。这对超远程赛鸽来说也许有一定道理,但就中短程比赛来说,实践证明利少而弊多。如果不是由于居住环境的限制,千万不要把鸽舍设在树丛之中,这对鸽子的起飞和降落都是极大的妨碍。还有些鸽友以为,鸽舍前面有一片屋顶,便于鸽子在上面落脚。1985年获全国2 000千米级品评冠军的鸽主,他的鸽舍邻近有一座高大的法华古塔,人们便以为他的鸽子因有法华塔作落脚点才飞出了好成绩,这是一种缺少科学根据的臆想。鸽子的落脚点应在自己鸽舍的起降台上,任何舍外的落脚点都会使竞赛回来的鸽子延误归巢时间,尤其在中短程竞赛中更是如此。舍外歇脚应被认为是一种坏习惯,必须防止而不应去培养。

(2) 良好的光照 "万物生长靠太阳"。鸽子的成长也要靠太阳。鸽子最忌潮湿,鸽舍晒不到太阳容易潮湿,鸽粪久久不干,就会发酵,散发出一种有害气体,这是鸽子健康的大敌。鸽舍阳光充足,通风良好,鸽粪极易干涸,霉菌自灭。鸽子本身也需要日晒,特别是洗澡后,羽毛快干对保护羽质起到很大的作用。如果说活棚鸽和成鸽每天开棚飞行时总可以获得日晒的话,那么一些关棚鸽和未出棚的雏鸽就必须在鸽舍里获得日晒。因此,鸽舍最好坐北向南,如东面临窗更理想。这样,鸽子整天都能得到充足的光照,不仅有利保暖,而且直射的阳光还可杀菌,起到消毒的作用。

(3) 空气要流通 鸽舍要通风,保持空气新鲜,这是现代化鸽舍的最基本要求。无论是晴天或雨天,进鸽舍闻不到一点臭味。记得日本名鸽收藏家大田诚彦来上海参观鸽舍时,跨进一家鸽舍,闻到一股臭味,他就退出来,连鸽子也不看。他认为这种鸽舍养不出好鸽子。荷兰专家们对鸽舍建筑的要求,概括为避免潮湿、排水不良、通气不足或通气过度。为此,欧洲一些鸽舍,屋顶通常装有板条式的天花板,屋顶装有"风帽",以便鸽舍内混浊的空气流向舍外,新鲜空气

跳　门

这个鸽舍正面的2个进出口都有跳门。放鸽时开启大门,比赛时让归巢鸽从10厘米的小门进入,门前可放踏板和电子足环扫描仪,赛鸽进门时也方便捉拿

竹木地网

竹木地网比木制地板好一些,鸽子不沾粪,不用每天打扫,每周清1次粪便即可

从舍外流入舍内。如果没有条件搞这种装置,那么有一个经济而简便的做法不妨一试:在鸽舍前方的下部开个洞口,吸入新鲜空气;在后方的上部开个洞口,排出混浊空气。这个办法,大致可以达到通风效果。

空气直接对流,俗称为"贼风",这会伤害鸽子,特别是寒夜,舍内温度骤降,成鸽会伤风感冒,幼鸽更为严重。防止的办法是用百叶窗通风,空气从下方流出,就不会有"贼风",现在有一种开洞的拉窗,形如百叶窗,但起不到防止"贼风"的作用。

3. 鸽舍形式

(1)落地棚　也称地面棚。这是居住在底层的鸽友较多搭建的。木结构、彩钢板和水泥结构均可。以饲养40羽鸽子为例,建筑面积为2~3平方米(1米×2米或1米×3米),这是一个底限。鸽子拥挤是大忌,也是发病的重要原因之一。地板要离地40~50厘米,最好用硬质木料,既能起防潮吸湿作用,又便于铲除鸽粪,用水泥预制板也可以,但防湿性能差,现在多用竹木地网,较为科学。地板底下两端要开通气洞,每个洞规格为40厘米×20厘米。在我国北方地区,由

落 地 棚

这是一座比较标准的落地棚,上有风帽,下有栅栏,离地50厘米,两侧有百叶窗,舍内通风良好。请注意门口那把长柄"扇子",它是用来赶鸽进门的,平时天天赶,赛时成习惯,快速进棚,分秒必争

于雨水少,地下水位较低,不用地板也是可以的。棚内高度为2米左右,一般以饲养者伸手能捉到最高巢房里的鸽子为最高限,以直身不弯腰为最低限。饲养者的出入口以侧面为好。天花板用水泥预制板或木板均可,但必须有一定强度,便于鸽主上去打扫或喂食等。如用木板,最好在顶上贴一层油毛毡以防止漏水。棚顶须稍有点倾斜度,便于排水。排水不畅,鸽舍常有潮气,是养不好鸽子的。

落地棚地势低,在鸽舍前最好有较广的视野。这类鸽舍适宜于建在农村或城市的花园住宅。4层以上的楼房,前后幢楼间隔距离又不大,在这类地方建造落地棚是不够理想的。当然,周围如果是层次不高的楼房或平房,那么即使间隔距离不大,也还是可以的。

(2)屋顶棚 这是居住在楼房顶层的鸽友有条件搭建的。屋顶棚有两种:一种是平顶的楼房,五六层的楼房,一般楼顶总有一两个天洞,经天洞出去,在楼顶平台搭建鸽舍较为理想。如果没有这

种天洞,擅自凿一个天洞是违章,将来邻居和你对簿公堂,你一定是败诉。另一种是平房瓦顶,"老虎窗"便是现成的出入口,建于瓦屋顶,效果也好。比利时有许多养鸽者,把鸽舍设在一个假二层(阁楼)上,底下住人,上面养鸽。如果说落地棚主要是防止潮湿,那么屋顶棚的关键是要确保安全。时下因养鸽子引发很多官司,邻里不和谐,鸽子也养不好,所以新建棚养鸽的鸽友要慎之又慎。

屋顶棚设计要求大致与落地棚相同。必须注意的是,棚的重量一定要与屋顶的承受力相适应,并有一定的保险系数。平房屋顶棚安全问题尤为突出,必须选用轻质材料,同时又要防止被大风吹倒。一般棚内高度不得超过1.8米。

赛鸽运动在向前发展,对鸽棚的要求也日益提高。有条件的地方,建造鸽棚时可分种鸽棚、赛鸽棚、幼鸽棚。种鸽棚最好一分为二,平时把雌鸽、雄鸽分开来养,以养精蓄锐,需要繁育幼鸽时再配对。种鸽需要更大的活动空间,以增加

屋 顶 棚

这是无锡魏振武的屋顶棚,1979年苏、浙、沪玉门联翔冠军鸽就是从这里飞出的。这类鸽棚时下可以进博物馆了,但在当时算得上是前卫

运动量,保持健康的体格,增长育龄,更多更好地作育后代。因此,运动场应为鸽舍的2倍。

赛鸽棚要求对参赛鸽快速归巢、进活络门有利。参赛鸽中有幼鸽赛(一般为500千米)和成鸽赛(一般在600千米以上),因此,赛鸽棚也应把幼鸽和成鸽分开饲养。过去认为幼鸽棚不需设巢房,只要安装栖架即可,现在应该纠正,幼鸽棚也要设巢房,给鸽子一个家,可以增强它们的恋巢欲。许多幼鸽在参赛前已配上对,甚至产了蛋,抱蛋几天以后上笼参赛,因此幼鸽赛棚一定要有巢房。成鸽赛棚不仅要设巢房,而且一对鸽子要设两个巢房,以适应鳏夫制和寡居制的需要。

幼鸽棚主要饲养刚断奶的幼鸽。过去不分棚,只能和成鸽一起混养,因为幼鸽抵抗力、体力等方面不如成鸽,幼鸽争不到食,喝不到水,影响发育。单独饲养便于管理。当然,建造鸽棚要根据自己的住房条件,因地制宜。

(3)晒台棚 又称"阳台棚"。这种鸽舍适宜于居住在楼房中间层次的鸽友。另一种是旧式楼房的后晒台(这里称晒台,以与通常的阳台区别),一般都面北,成正方形,也比较理想。搭建要求与落地棚相仿。特别要注意的是,应以不妨碍他人日常生活为前提。有的鸽友总想尽量利用阳台外侧的空间,鸽棚向外伸出过多,有的甚至超出1米以上。那样做,既不安全,又妨碍下层邻居,从而引起诸多矛盾。正确的做法是,应尽量在自己阳台范围内做文章,不向外伸出。实在不够时,伸出部分包括望台在内最多不超过30厘米。晒台棚的高度一般为1.6米,鸽子饲养数为20～30羽。许多鸽友为不影响邻里,把自己的鸽舍搭建在北面,以自己的厨房窗口为通道,这对鸽子来说,自然不如南面好,但对邻居来说可减少许多麻烦。

4. 鸽舍的设施

养鸽者从饲养鸽子的第一天起,就应该想到竞翔,因而鸽舍内外必须根据鸽子的习性和竞翔的要求备有一套相关设施。下面是必不可少的几种:

(1)巢房 又称"窠格"。是鸽子起居和"生儿育女"的地方。每对鸽子必须有一个巢房。巢房有固定式和组合式两种,固定式是目前普遍采用的。标准的规格是40厘米(深)×40厘米(高)×60

赛鸽丛书

养鸽新法（第2版）

晒 台 棚

如果把晒台棚和屋顶棚加在一起，就数量而言，还是当前的主流鸽棚。在鸽会"老棚老办法"的规定下，还保留着。可是邻居纠纷、媒体曝光的，都是这两类鸽棚

公 棚

公棚周围无高层，棚舍离地1米，中间有瞭望台，进入口有5种颜色，有助鸽子认清自己的家门。其设计可以借鉴

厘米(宽)。巢房宽大,便于种鸽交尾,受精率较高。但目前大多数鸽友因受鸽舍条件限制,为了多养鸽子,尽量利用有限空间,用的巢房都在50厘米×40厘米×30厘米左右,这是一个应该改进而又不容易改进的问题。

饲养数量较多的大型鸽舍,在巢房前面要用木栅栏或铁丝网封闭一半,或在一侧开一个15厘米(高)×12厘米(宽)左右的出入口。因为鸽子常常争夺巢房,一些性情暴烈的雄鸽甚至霸占两个巢房,啄伤同伴、踏碎鸽蛋、踩死雏鸽等都可能发生,所以,巢房最好备有封闭装置。没有这种装置,特别是参加远程和超远程比赛时,在野外过几天归巢的鸽子发现自己的巢房被它鸽占据,就会闹得不可开交。有时突然归来一羽很久以前放路的失鸽,看到巢房被占,一场恶斗在所难免。

巢房底层最好用可活动的抽板,上面加一个铁丝网框,鸽子排出的粪便落到抽板上,便于清除,以保持巢房清洁。国外一些讲究的巢房,在铁丝网下面装有传送带,每天两次开动马达,传送带转一圈,刮板把粪便刮进铁桶,省去不少劳动力。

有些鸽友在各个巢房中漆上不同的颜色,如淡绿、淡黄、淡蓝、奶白等,便于鸽子记认。但忌用鸽子最不喜欢的红色,漆上红色会使鸽子疑惧不安。

组 合 巢 房

右边那个有红绿黄蓝4种颜色,便于鸽子辨认。鸽子走错巢而打斗的情况时有发生,多半是雄鸽要抢占地盘

至于组合式巢房,目前国内极少使用。它由几十个相同规格的巢房层层相叠组合而成。优点是便于清扫,只要有两个备用巢房,就可逐个更替、清扫、日晒消毒,对鸽子保健大有裨益,但代价较高,推广价值不大。

(2) 栖架　由于信鸽至今还保留着从祖先野生岩鸽遗传下来的某些习性,比较喜欢停歇于平台而不习惯栖息于树枝,所以鸽舍里不要设置像鸟笼里那种栖木,而要做一些较粗的栖架或平坦的栖台。这种栖架和栖台要多设一点,供不占巢房的幼鸽使用。有些成年鸽在配偶孵蛋时也喜欢停留在栖台或栖架上。鸽子认定的栖台或栖架是决不容许它鸽占据的。如果每只鸽子分不到一台或一架,势必有部分只好栖息在地上,这会影响它们的健康。对未开家的幼鸽来说,还可能发生游棚,因为它觉得这里没有栖身之处,不值得留恋,于是就远飞他乡。

栖台和栖架常见的有以下几种式样:

①方框式栖台:用木板制成若干个方框,钉在鸽舍的墙上,每格12厘米宽,35～40厘米见方,可根据鸽舍内空间的大小适当放大或缩小。栖台离墙3～4厘米。要求每格栖台不能容两羽鸽子同

栖　架

个人养鸽一般都用"人"字形栖架。公棚都用组合式栖架,不设巢房,只供幼鸽栖身

栖,鸽子站立在栖台任何一个角度都不能碰伤尾羽。

②"L"式栖台:用两块12厘米×8厘米木板制成,如"L"形,钉于鸽舍墙上。每块栖台间距约为20厘米。如有两栏以上栖木,必须高低错开,不能并立,以防鸽子打斗。

③"A"式栖架:用两块15厘米×10厘米木板制成45°"A"形,固定在木条上,再钉于鸽舍墙上。每块栖台上下距离为30厘米左右,间距10厘米。凡两栏以上栖架,均要高低错开。

④圆柱式栖架:用长10厘米、直径3厘米的圆木若干根固定在木板上。圆木下面用一块15厘米宽的木板,成135°陡坡固定在木板上,然后钉在鸽舍墙上。

上述几种式样各有所长,选择时要因地制宜。

(3)活络门 又称活瓣门。此门供信鸽归巢时自动碰撞而入,但不能飞出。有些鸽友开棚养鸽,不用活络门,这是不可取的。因为赛鸽归巢要争分夺秒报到和验鸽,不用活络门的鸽舍万一抓不住归巢赛鸽,让它夺门惊飞而出,势必白白耽误宝贵时间,影响赛绩。

活络门式样有很多,常见的有下面3种:

①栅栏式:用10根直径3毫米的铁丝制成,高20厘米,宽30厘米,每根铁丝的间距为3厘米。上端焊上内径3毫米的塑管,有"V"字形和"T"字形两种。宽度要达到与间距紧接,不使左右摆动为宜,否则舍内的鸽子会挤身而出。塑管内穿一根与内径相应的铁丝。所以要用塑质,是尽量防止日久生锈,致使活络门不活络。铁丝下端要长出门框1厘米左右,做到"只进不出",但也不要长出过多,以免增加鸽子进入的阻力。活络门前最好再装一扇木门,待鸽子全数进棚后木门就关上。其作用一是挡风雪,二

跳 门

因为电子扫描鸽钟的推广使用,过去用的活络门已不适应,跳门是比较好的选择

是防野猫、黄鼠狼的侵害。

②板框式：高度、宽度与栅栏式相同。用2厘米厚的木板10块，半边成45°角，边长30厘米×20厘米；半边成圆弧形，间隔距离10厘米，成3个进入门。鸽子进入时双翼紧贴，一头钻进。而想飞出去时，得展开双翼，宽度约为50厘米，因而为木板所阻。下端必须凌空20厘米以上。如果凌空过低，鸽子可以用双脚一蹬，跳出活络门，间隔板就失去作用。用板框式活络门更应有木门，以便随时关闭，防止敌害侵袭。时下，国内外正在推广使用电子足环扫描鸽种，在归巢鸽进口的板框处设置一块电子板，鸽子一进门电子足环就自动扫描，在鸽舍和家里的电脑立即反应，完成了报到程序，既快速，又准确。

③简便门：现在有一种最简便的只能进不能出的门，即锯一块30厘米×60厘米×1厘米木板，用铰链固定在进出门上，下口张开5厘米，鸽子进门很方便但不能出去。放鸽时将门敞开，鸽子无障碍地全部飞出。

(4)开放门 这是放鸽绕舍飞行时用的。鸽子飞出后，就把门关上。开放门一般放置在活络门的一边，也可以设在其他合适的方位。开放门比活络门要略大些，因开放鸽子时，群鸽兴奋异常，门一开都争先恐后往外飞，门口大一些，可以避免相互碰撞。

开放门可以用木板、栅栏或丝网，以栅栏和丝网为好，关闭后阳光仍可射入，木板门则会遮住阳光。有些鸽友把栅栏式活络门做成可以活动的框架，开放鸽子时把框架放下，鸽子从门口飞出；鸽子出舍以后，把框架拉上，又成了只能进不能出的活络门，便能做到一门两用。

(5)望笼 又称"瞭望笼"。望笼在台湾鸽舍使用的较多，作用是幼鸽在它未出舍之前观察一下舍外的环境，在以后初次出舍就不会紧张慌乱，对开家是很有利的。

望笼一般设置在鸽舍的一侧，四周用不锈钢管围住。望笼大小80(宽)×65(深)×50(尖顶)厘米。

(6)运动场 又称"散步台"。这是为关养的鸽子提供的运动场所，还可以让它们在上面吃食、饮水、洗澡和交配等。在大中城市养鸽，一般每天只能有早晚两次开棚放飞，多数时间关在棚里，鸽子的活动余地不大，如果再加上棚内晒不到太阳，必然影响鸽子体质。运动

赛鸽丛书 *AIGE CONGSHU*

二、鸽舍要讲究地势和气势

望　笼

在鸽舍的起降台一角有一个固定的笼子，名叫"望笼"。作用在于未出棚的幼鸽在里面观察四周环境，有利于幼鸽开家

场的大小按正规要求必须大于鸽舍，但要因地制宜，根据鸽舍的面积和饲养的鸽数而定。大至1～2平方米，小至0.5平方米。当然从效果看，大要比小好。运动场一般设在鸽舍的正前方或鸽舍的房顶上，周围要用铁丝网封闭，网眼直径不能超过3厘米。网眼过大，鸽子探头钻脑容易擦伤羽毛，也不利于防止如黄鼠狼等敌害；网眼过小，视线不清楚，又会对鸽主观察鸽子动态带来不便。铁丝以选择略粗一点的为好，而且要以防锈漆打底，淡绿或淡蓝色油漆作面漆。铁丝过细，容易生锈、断头，鸽子自行啄食时就会误食刺破嗉囊或胃壁。材质用不锈钢最好，镍铁丝网也可。

（7）起降台　又称停留台，跳台。这是指活络门外的一块踏板，专供鸽子起飞和降落用的，此板务必要宽而厚，鸽子起降时不致因晃动而受惊。通常标准为2米（长）×1米（宽），厚度为3厘米。目前有些鸽棚的起降台只有活络门那样大小，只能容纳二三羽鸽子，这是不符合标准的。起降台太小，鸽子起飞时影响似乎还不大，降落时就会出现麻烦。因为鸽子把站立之地视作它神圣不可侵犯的领地，一羽鸽子已经降落在上，另一羽再下来就难免发生争斗，影响鸽子进棚速度。在短程比赛中，赛鸽如不能及时进棚，势必直接影响赛绩。起降台最好涂上白漆或淡绿、淡蓝漆，既整洁美观，又使归巢鸽子容易辨认。

（8）电铃和报警器　电铃对离住所较远的鸽舍尤为必要。没有装上电铃，在比赛期间就得昼夜守候在鸽舍旁，否则无法及时知道赛鸽的归巢，因此安装一个进门电铃实属必需。若是栅栏式活络门，则可在里侧上端5厘米处拦一根铜丝并通上电源，平时因铜丝与栅栏门有1厘米的间距，所以电铃不会发声。一旦鸽子进门，翘起的栅栏门使两根铜丝接通，电铃就向你报告好消息："赛鸽归巢

赛 鸽 丛 书

了!"板框式的活络门因结构不同,得另想办法。

报警器也可以防止偷窃。有些鸽友用一种土办法,在门上拉一根铁丝,通向卧室,如果晚上有不轨者砸锁破门,卧室内就会有反应。还有些鸽友装有电子报警器或感光报警器,前者当有人触动鸽舍门,报警器就会发声;后者只要有人走近鸽舍,报警器就会发声。但这样有时也会带来麻烦,比如在鸽舍门口走过一只野猫,报警器同样会发声。

在高奖金比赛的今天,赛鸽者总是提前到鸽棚等鸽归巢,分秒必争,听到报警再上鸽棚,必然耽误时间。如果采用电子足环扫描鸽钟,只要打开电脑就一清二楚了。所以报警器也是过时的装置。

5. 养鸽必备器具

(1)孵钵 又称"草窠"或"巢碗"。供种鸽产蛋、孵蛋(抱蛋)和育雏用。孵钵的选择往往容易被忽视,这是不应该的。孵钵不合要求,不但直接影响育雏,还会有碍全棚鸽群素质的提高。孵钵造型要求深如汤碗,太浅了亲鸽在出入孵钵时,容易将鸽蛋或雏鸽带出钵外,造成损失。孵钵质地要略带弹性,太坚硬的要铺垫一些干草、棉布之类柔软物。孵钵中间要有几个小出气孔,便于种鸽在孵蛋、育雏时排出水蒸气,保持干燥。

孵钵有稻草制的草窝,价廉物美,受到普遍欢迎。此外,孵钵还有木质、塑料、石膏和纸浆制的。后两种是国外鸽舍常用的孵钵。

孵　　钵　　　　　　　　　浴　盆

赛鸽丛书  AIGE CONGSHU

(2) 浴盆　鸽子喜欢洗澡,浴盆是必不可少的。过去一般都用铅皮制成,现在可买现成的塑料浴盆,什么规格都有。浴盆也可以用其他盆代替,如木盆和搪瓷盆等。但要固定式样,如果随心所欲地更换,鸽子每每迟疑不敢下水。

(3) 饲料箱　又称"食槽"。有自动落食箱和随加随吃的普通箱两种。选择哪一种为好,主要取决于饲喂方法。有些鸽主采取不断食的饲喂方法,这就要用自动落食箱。有些鸽主采取每天早晚各喂食一次,或只在每天晚上喂一次的方法,则可用一般食槽。饲料箱有单面吃食和两面吃食的,这也要根据鸽舍面积的具体条件选用。总的要求是让每羽鸽子能同时吃食。

饲料箱的吃食口要求离地6厘米左右。吃食口最好是隔开的,一鸽一个,防止弱鸽、幼鸽吃不到。饲料箱上端须有盖,无盖的饲料箱鸽子容易站到箱里去,既不卫生,又影响鸽子吃食。若用饲料槽,在槽的上端中间也要横一铁丝,防止

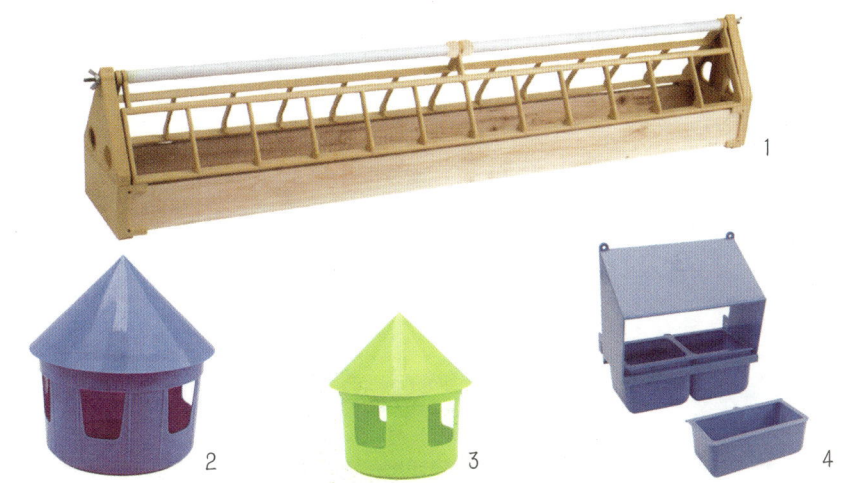

食　槽

1.大型鸽舍用食槽　2.小型鸽舍食槽　3.巢房配对用食槽　4.盐土槽

赛鸽丛书 AIGE CONGSHU

进食的鸽子往食槽中钻。一般饲料箱规格如下：特大号，可供40羽鸽子同时食用，145厘米（长）×14厘米（宽）×19厘米（高）；大号，供30羽鸽子用，96厘米（长）×14厘米（宽）×18厘米（高）；中号，可供20羽鸽子用，66厘米（长）×14厘米（宽）×18厘米（高）；小号，供8羽鸽子用，28厘米（长）×13厘米（宽）×16厘米（高）。

（4）水壶　又称"饮水器"。目前鸽市上出售各种鸽子专用塑料水壶，可以按自己的要求选购。

给鸽子饮水最简便的是用大口玻璃瓶，虽然简陋，但是取材容易，使用方便。按照传统的饲养方法，水是全日供应的，水中也不添加任何营养剂。近年来国外运用定时饮水，也就是在喂鸽子饲料时才喂水，并在水中添加多种维生素、蜂蜜等营养物。这样，用大口瓶喂水的办法比用水壶省事且方便。

（5）盐土槽　鸽子爱吃盐土，这可能与其祖先岩鸽的习性有关。盐土是整天供应的，所以盐土槽必须加盖，以防鸽粪落入其中。盐土槽用木板或铁皮制作，切忌用铜质材料。因为铜沾上盐（氯化钠）就会起化学反应，产生铜绿，鸽子吃

水　壶

1.公棚用的大型水壶　2.个人棚用的中型水壶　3.巢房用的小型水壶

了就会中毒,而且很难解救。铁沾上盐也会起化学反应,但产生的是氧化铁(铁锈),鸽子吃了有利于补充体内微量元素。

(6)假蛋 以饲养40羽鸽子为例,得常备10只假蛋。种鸽产下头蛋(也称"首蛋"),就要换上假蛋;等到种鸽下了二蛋(也称次蛋),再换上真蛋。这样做的目的是为了使一对雏鸽同时出壳。

过去,假蛋是自己制作的,大小与真蛋相仿,且能以假乱真。材料要能够传热,一般用石膏粉加水成面团状,然后迅速捏成鸽蛋形(石膏极易凝固),干后稍加修饰即可使用。也可在鸽蛋上打一小孔,沥出蛋清和蛋黄,灌入石膏浆,干后同样可使用。现在都用木块或塑料制成的,效果不错。最简单的方法是用一只盛装粉剂青霉素的玻璃瓶做假蛋,效果也很好。

(7)训放笼 这是训练鸽子必备之物。一般要求鸽子进入时不伤羽毛,不沾粪便,单只放进,多只飞出,还要便于携带。要注意笼子的高度,为了防止鸽子在笼内打斗,笼高不要超过20厘米。

铝合金折叠式训放笼较为理想,虽价格较贵,还是受到欢迎,普遍使用。

折叠式木框布笼价格适宜,制作容易,规格为60厘米(长)×36厘米(宽)×20厘米(高)。笼里装两个活动支架,装鸽时支撑起来,放鸽后收起支架,体积就会变小。四面用布围住,一面制成布门,可用于开放鸽子;上面用木栅或铁丝栅;中间制作一个天门,用以投进鸽子。这种鸽笼一般可装10~12羽鸽子,也不伤羽毛,笼内还可以喂食、喂水。其总重量在6千克左右,携带也方便。

线笼撑开来像一只灯笼,收起时只有一把折叠伞大小。价格便宜,自己也能制作,一般可装8羽鸽子。缺点是有时会损伤鸽子羽毛。这也是过时货,现在较少使用。

竹笼和塑料笼都是固定式的,具有木笼的优点,但空笼携带不方便。竹笼只是在产竹的山区被普遍采用,塑料笼多半是利用旧的蛋品存放箱改制,也不具备推广条件。

(8)验鸽笼 用于赛鸽归巢后送往鸽会验鸽。在鸽钟尚未使用之前,这是每位鸽友的必备之物。现在获前名次的赛鸽,还是要送鸽会验鸽。验鸽笼要求轻巧而不伤鸽子,设计要求为32厘米(长)×20厘米(宽)×20厘米(高)。笼中装有一块对角活动隔离板,一次可报送2羽。如单羽归巢,就把隔离板抽去。验鸽笼两端开有圆形通气孔。

验鸽笼多用铝合金或三夹板制作,也有少数用透明塑料或有机玻璃黏结的。

放鸽现场

过去用竹笼子运鸽(左),现在用赛鸽车运送(右)

归巢报到

过去用电话报到(左),现在用电子扫描鸽钟(右)

三、选种是根本，配对有技巧

养鸽种在先，强鸽必先强种。古今中外的养鸽者在建棚以后的第一件事是觅取好种鸽，可以说，这种选种每年都要进行。但找到了优良的种鸽，有时并不一定能繁殖出优良的后代，还要看你能否给优良种鸽选择恰当的配偶和科学地进行配对等。所以说，为能繁殖出优良的信鸽，既要认真选种，又要讲究配对。

1. 挑选种鸽

过去，我们经常看到一些买种鸽的朋友，手里握着一羽鸽，看眼睛、拉翅膀、摸肌肉、掐骨骼，最后还是判断不了这是不是好种鸽？然后听到卖主讲这羽的父亲得过多少冠军，他才放心地买下了。这都没有错，但真正要证明这是否是好种，还要看它儿孙们的表现。

那么现在一些鸽友又是怎么选种的呢？日本的任秀夫先生得知詹森"019"获得18次冠军，爱之若狂，亲自去比利时"三顾茅庐"，以不封顶的价格求购"019"，詹森兄弟在一大把美金面前不动心。任秀夫就把"019"的9个子女全部买去，感动了詹森兄弟，就把"019"送给了任秀夫。任秀夫是个爱鸽家，对"019"子女的赛绩并不在意，1990年"019"病死，时年18岁。日本鸽赛没有奖金，任秀夫引种是因为喜欢而玩玩。我国台湾鸽赛奖金特高，赢一次冠军便成为千万富翁。台湾赖铭沧先生得知比利时卡吐斯的"利蒙治号"是一羽超级种鸽，他专程去比利时，相中了"利蒙治号"的儿子——帕品那比赛的全国冠军，向卡吐斯求购。卡吐斯开了一个天价，想吓退赖铭沧，但赖铭沧二话没说，将鸽子买下。回到台湾，给它取名"真命天子"，作出的第一羽幼鸽就获得5关赛综合冠军，得到的奖金比买"真命天子"还多出许多。

引种是需要花点钱，但像任秀夫、赖铭沧那样舍得花大钱的，在我们养鸽人群中只占极少数，所以我们引种不能照他们的样子，得另搞一套，要少花钱引好

赛鸽丛书 AIGE CONGSHU

养鸽新法（第2版）

种，得了奖金再引进更好的，逐步把蛋糕做大。

（1）先给自己的鸽舍定个位 有人说："飞翔是鸽子的本性，擅长飞中短程的詹森鸽系飞超远程照样归巢。"这话也没有错，任何事情总有例外。你有条件，也可以把中短程赛、长程赛和超长程赛这3类鸽子都养，但在比赛中的选手鸽还是要有区别，须知王军霞是不能和刘翔同场比赛的。

（2）买赛绩鸽 如果你不差钱的话，还是引进赛绩鸽为佳。李梅龄先辈鉴鸽很有造诣，他还主张"笼中看"，即鸽子的优劣最后要在归巢报到的笼子里得到证明。赛绩鸽也有差别，晴天顺风吹回来的，与顶风、闷热、阴雨中拼回来的，同样的冠军，内质上有天壤之别。多关赛和超远程赛的冠军，与1 000千米当天归巢

"真命天子" B96—4300795 B ♂
2000年帕品纳6 246羽全国冠军，比利时乔治·卡吐斯作翔，我国台湾鸽友赖铭沧以天价买回

36

赛鸽丛书　AIGE CONGSHU

鸽,做种时也大相径庭。前一类赛程总会碰恶劣气候,后一种赛绩是"宿雨初晴"、顺风吹助,主要是老天帮忙,春秋两季,比赛多多,碰上这样的好天气是少而又少的。广告上的赛绩鸽多数是有真凭实据的,也有少数有"猫腻",只要看得细微一点就不难发现。

（3）买赛绩鸽的子孙　买不起赛绩鸽的鸽友可以买赛绩鸽的儿孙,运气不错的话可以买到超级种鸽。荷兰夏拉肯引进"丝丝"就是例子。有一年,夏拉肯陪着一位美国鸽友到比利时盖比家买鸽子,成交以后盖比还赠他们一羽小灰雏,因为长相难看,两人都不喜欢,在夏拉肯

三　选种是根本,配对有技巧

"十字路口"的鸽子

引种要找"十字路口"的鸽子,即祖上有冠军,子孙有冠军,平辈也有冠军

赛鸽丛书　AIGE CONGSHU

B92-6337535　B♂

"钻石王老五"

比利时"钻石王"鸽舍作出。共配过6羽雌鸽,都出过高位名次,其中有全国冠军3羽

"丝丝"　B88-3206088　B♀

比利时盖比把这只"丑小鸭"赠给荷兰夏拉肯,后来却成了"白天鹅"

家作出几对幼鸽以后卖给了日本鸽友。空运到日本,日本鸽友一看也不喜欢,退了回来。这时她的儿子已飞出成绩,夏拉肯喜之若狂,取名"丝丝",作为"最佳金母"出了很多好赛鸽。那两位美国鸽友和日本鸽友后悔莫及,专程到盖比家里去买"丝丝"的兄弟姊妹。有些优秀鸽子在幼鸽时就吸引人们的眼球,有些则在幼鸽时很不显眼,一上赛场就出人意料,或为你生出一大堆优秀子代。幼鸽的变化很大,常常会瞒过主人的眼睛,把优秀种鸽给"淘汰"了。

2. 种鸽育种

"育种是金"。鸽友对前辈们重视育种,注重配对,由衷敬佩。我国的李梅龄、汪顺兴,欧洲的詹森兄弟、杨阿腾、凡布利安娜、狄尔巴等,他们育成的鸽系经久不衰。时下的信鸽活动在高额奖金的刺激下,赛鸽者为争夺奖金,育种者为多

"龙头" B86—6711054 BCW ♂

"凤母" B87—6276944 Be ♀

"龙头"×"凤母"
台湾鸽友赖铭沧的"黄金配对",后代在比赛中获得综合十名以内的名次超过200羽

卖鸽子,不少人急功近利,向东家买一只冠军雄鸽,再向西家买一羽亚军雌鸽一配,"好配好,差不了",作出幼鸽十分抢手。过去的名系鸽都有自己的特色,例如"詹森系"为擅长中短比赛的快速鸽,"杨阿腾系"以耐力好、飞长程比赛著称,"李梅龄系"和"汪顺兴系"则以超长程而闻名于世。如果给现下的品系鸽下个定义的话,是"某某人鸽子的系列",谈不上有自己的特色,与原先品系的内涵大相径庭。这些新产生的现象,与当前推行的赛制有关。过去,我国鸽界重视超长程和长程比赛,欧洲也注重长程比赛,养鸽者很看重品系,注重育种和配对。现在以500千米幼鸽赛为主,大奖赛、公棚赛都是500千米幼鸽赛,不重视育种。

3. 配对年龄

鸽子的寿命一般为15~20年,种鸽的最佳育龄是8月龄至2岁,这期间种鸽

"战斗机"
B69—6322235 R♂

"红蝴蝶"
B72—6365783 R♀

"战斗机"×"红蝴蝶"
它们是同系交配，号称"世界第一黄金配对"。这一配对曾育出许多优秀赛鸽和种鸽，如"05"、"007"、"佳丽"等

在形态和生理发育上都已完全成熟，如果雌雄双方都年富力强，能把最优良的基因遗传给子代，作出的幼鸽有活力。所以，凡用于参赛的鸽子都应用年轻的种鸽繁育，种鸽的育龄过大或过小都是有害的。种鸽的年龄过大，如超过10岁，体质衰退，对后代的训练与长距离飞翔会带来不利影响。因此，种鸽年龄过于老化，繁殖的幼鸽为下品。种鸽年龄太小，必然心理、生理发育尚不健全，它们生育的下一代就有可能先天不足，自然会影响幼鸽的健康成长。有些幼鸽5月龄就要求偶了，这时不要立即给予配对，因为"早婚"产生的后代往往先天不足。到8月龄时再给它"完婚"，最为理想。

如果配偶双方其中的一方为年富力

赛鸽丛书　AIGE CONGSHU

B89—3089150　B♀　　　　　　　　　　B89—30893　B♂

"迪迪号"×"皮波雌鸽号"

它们是近亲交配,也是20世纪的超级配对,育出了一批鸽王和超级赛鸽,其中顶尖的赛鸽为"小迪迪"

强的鸽子,一方为年龄较大的鸽子,也是可以的,名曰"老少配"。这里说的老,绝不是指10岁以上的老鸽;这里说的少,也不是指不满半岁的幼鸽。

为什么用老鸽配少鸽呢?原因是要充分利用优良的大龄鸽。大龄鸽因多年与人相处,其恐惧心理较少,行为举止较稳重,且照顾"孩子"有经验。采用老少配对,就是利用老鸽之优良性状和年轻种鸽旺盛的生理机能、体力、智力,其特点是适合培育长距离比赛品种,当然要留作种鸽也是相当理想的。因此,一些著名的养鸽家都采用此法育出的后代作赛鸽或种鸽。

也有人讲究少雄配老雌,到底老少如何搭配最科学,只能根据自己的经验和所拥有种鸽的条件决定。

当然,老少配也有缺点,如老鸽的精力与体力不足,呕鸽的条件也不如年轻鸽。尽管可以采用"保姆"鸽代孵代育的

赛鸽丛书 SAIGE CONGSHU

"幼牛" B47—3355559 BC ♂

比利时凡布利安娜作翔,"老牛"生"幼牛"时年15岁,配偶"美蕾"是"老牛"亲生女儿,"幼牛"是老少配的典范,又是近血配的例证

办法来弥补这种不足,但与精力旺盛的青年鸽的自孵自育相比,总要略逊一筹。

4. 一雄配多雌

德国鸽界"巨无霸"贺尔梅是著名的赛鸽家,赛绩不俗,希望获一次巴塞罗那国际赛冠军,为了实现这个梦寐以求的目标,他亲自去荷兰求助于鉴鸽大师迪威德老人帮助他配种,迪威德欣然应允。带去一羽种雄"教宗",再带去一只自己研制的一配八的配对笼,在贺尔梅鸽舍中挑选了8羽优良雌鸽,同时与"教宗"配对,作育出200羽幼鸽,挑选最好的参加巴塞罗那国际赛,获得了一个冠军,一个亚军,在鸽界传为佳话。一雄同时配八雌在鸽界可能是绝无仅有的,但是一雄配多雌是司空见惯的。目的有两个:①当你有雄性超级鸽时,总想好好利用它多出子代。凡布利安娜用"幼牛"配了多羽雌鸽;狄尔巴开出的血统表上多次出现"巴龙"的名字,詹森的"019"、杨阿腾的"多利"都是配了多羽好雌鸽,作

出一大堆子孙。②有一羽超级种雄,它的配偶有时会有选择性的,不是配任何一羽雌鸽都能作出好的子代。所以你要多配几羽,找到最合适的雌鸽才把它们相对固定下来,成为"黄金配对"。超级种雄也有配任何一羽雌鸽都会作出好子代的"百搭",人们称之为"黄金种公",那是极少的。比利时乔治·波里的"050",被誉为"钻石种公",这是一例。

如果你有一羽超级鸽是雌鸽,同样可以配多雄,区别在于它不能同时配,目的是找到一羽最合适的配偶,组成"黄金配对"。有些种母是"百搭"鸽,就像夏拉肯的"丝丝"人们称它为"最佳金母"。

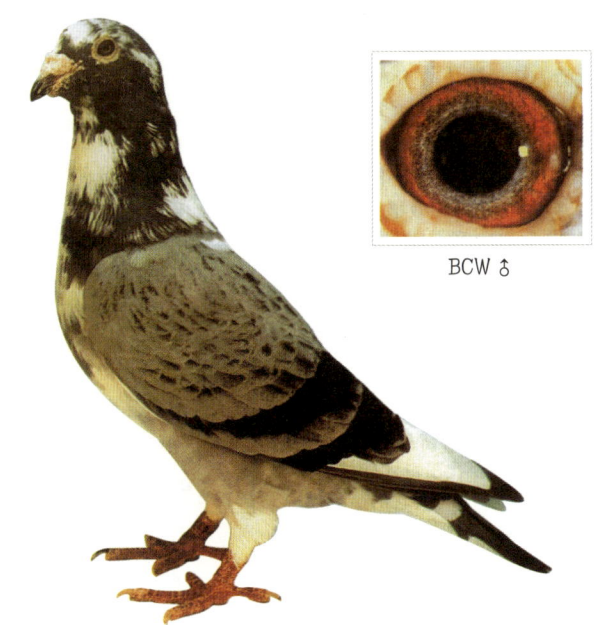

BCW ♂

"教 宗"

荷兰克拉克作出,鉴鸽大师迪威德用来为德国"巨无霸"贺尔梅配鸽,作出巴塞罗那国际赛冠军和亚军

5. 选配方法

(1)近交配对 鸽界有句行话:"近交纯化,杂交优化"。配对的目的是希望作育出好的种鸽和好的赛鸽。近几年来,鸽友们在配对育种方面有一个共识,即要作育出好的种鸽,就须要用近交的配对方法,如果要作育出好的赛鸽一定要用杂交的配对方法。近交配对有近亲配和嫡系配两种。

①近亲配:所谓近亲配是指5代以内的直系亲属配种。5代以上称远亲配。

近亲配可以使优良信鸽保持纯正,即子代犹如父母鸽的复本。这正是在遗传学中强调的,集优生遗传者,必得优生系统。在生物界近亲繁殖是一种普遍的自然现象,近亲配具有双重作用,它本身得不到特别优点,但能强化它们的父母所具有的气质。实践证明,在短期内采用近亲配种可提高品系的纯度,能保证品系的确立,使之具有较强的遗传性能。所以,凡采取近亲配对方法育种者,目的都是为了建立一种有自己特色的新品系,或者为了使已经建立起来的优良品系提纯复壮。

近亲配的先决条件,一定要有几对"名门望族",或是竞翔成绩卓著的优秀种鸽。如果在自己的鸽棚里有一批500千米或1 000千米赛的名列前茅的优良赛鸽,那就为你提供了采用近亲配对的条件。当然,还要经过多次筛选,保留那些表现近亲优良形和质的鸽子,坚决淘汰那些劣质性状的鸽子。

近亲配对的一般方法,是在同一种优良的基础种鸽产生的第一代中,挑选那些有优良遗传性状者,即挑选集父母之优点于一身的鸽子进行嫡系配,即进行"姐弟配"、"兄妹配"或"父女配"、"母子配",它们所产生的第二代,只能留种而不可参赛。然后用第二代的鸽子去配基础种鸽或第一代鸽子,这种"祖孙配"或"叔侄配"产生的第三代,就可以作为赛鸽,这就是平常说的"回血"。最好的回血是自己输出的种鸽,在别人那里飞出了好成绩的鸽子,用来与自己的同种鸽子交配,子代往往有出色的表现。我国台湾鸽友欢喜"四分之三配对"方法,要求一对种鸽中含有四分之三的血统出于同一羽种鸽,这也是近亲配对的一种。总之,近亲配对最主要的原则在于同系同类之原配鸽系采取直系配对法,同亲属中的共同血缘者,重复配对产出,使两羽最原始的种鸽繁殖出共同血

系的鸽群,这一过程也可称为复制工作。

近亲配对,虽然可以有效地提高后代纯合子基因的频度,能把上代的优点继承下来,但近亲配对如果长期进行下去,"过纯"必会导致抗逆性差,引起品系退化。因为近亲配对可导致一些优质的显性基因被抑制,而使劣质的隐性基因在后代身上表现出来。所以,采取长期近亲繁殖的结果往往使鸽子的活力下降,繁殖力减退,飞不出好成绩,造成所谓近亲退化现象。解决的办法是在经过极严格选择的前提下引进外来血统,即所谓的"掺血",也即是杂交。

②嫡系配:所谓嫡系配是指"父女"、"母子"、"兄妹"、"姐弟"间的配对。平常不能单纯采用嫡系配,即俗话说的"兄妹不配对"、"父女不成双"。否则,品种退化现象更趋严重。

世界上有些优良品系是用近亲配对法建立起来的,如我国李梅龄系。如果没有近亲配对育出的纯种品系,那么杂交也就没有理想的配偶,而杂交产生的子代也不会理想。

(2)杂交配对 我国鸽界前辈长期沿用嫡系配、近亲配的育种方法,直到20世纪初上海城隍庙的鸽市仍以"原配"(即亲兄妹配)为上品,对"异配"则不屑一顾。目前,杂交出优势已为广大鸽友所接受。

所谓杂交是指两种没有血缘关系的鸽子配对育种,其获得的后代称为杂种。无论是动物或植物,进行不同类型之间的杂交,所产生的后代即杂交第一代,有的集父母优点于一体,往往表现出比父母较好的生长势、抗逆性和适应性等特点。这种子代超过亲代的现象,称"杂种优势"。人们常说"混血儿都比较聪明",也是这个道理。当然也有的集父母缺点于一体的。

遗传分离规律说明,两个纯种杂交后,它们第一代的性状是整齐的、一致的,而到了第二代就会在性状上发生形形色色的分离。所谓杂交优势应是第一代,而不是第二代。另外,杂种优势在两个纯种个体的基础上方能出现,当然种系的纯度也是相对的,但种鸽智力和体质的优良性状应比较稳定和可靠。一般来讲,杂交亲本的血缘越远,杂交优势就越强。自然,也不能一概而论,但一定要避开同系杂交。

杂交绝不是乱交,也要具备一定条件。

赛鸽丛书 SAIGE CONGSHU

第一，要正确选取杂交主体，合理配置杂交亲本。在个体表现上的具体要求如下：

① 雌、雄鸽要选配有育种目标所需要的性状，又要优点多于缺点，而且要促使它们的优势互补。

② 不管是雄还是雌，其中一方最好选用能适应本地气候、地理环境，并具明显优势的当地品种。另外，选择与本地区地理环境不同的品系作亲本更好。

③ 根据育种和竞翔要求，亲本必须具有归巢性好、抗逆性强、赛绩优良等特点。所以，要严格地选配，为的是使亲代中显性遗传的优良性状能够完全覆盖隐性遗传的劣质性状，从而充分发挥杂交优势。如果单羽种鸽本身不具备优良性状，那么在子代身上决不会从天上掉下一个优良性状来。

第二，杂交双方的种鸽品系最好是纯种。如果雌雄都是杂交品系，产出的子代性能得不到保证，这样很难取得成功。

第三，种鸽最好要有准确的血统记载。倘若血统不明，只凭肉眼从外形、羽色、眼砂等方面去鉴别，那是没有把握的。因为同一品系的鸽子，也有不同的外形、羽色和眼砂等，不同的品系也有相同的外形等，这都是很正常的现象。

杂交和近亲配是各有利弊的两种基本配对方法。杂交能出优势，但优势不稳定，也就是说子代的遗传稳定性不好，今年获得了冠军，明年或许名落孙山。同时，杂交后代中常出现有的提高，有的退化，甚至会出现一代不如一代，连外貌也会走样，而且定不了型。

一个纯的品种，一旦与异品种杂交，就会使该品种混杂，即有的提高，有的退化。这是因为异品种的基因不是一下子就能除尽的，尤其是隐性基因混入群体后，由于被显性基因所掩盖，很难彻底除去。所以在良种繁育上，选择是关键，即要根据经验或通过竞翔来挑选优良的种鸽。挑选时必须坚持去杂、去伪、去劣，才能获得优、真、纯的理想种鸽。

世界上为数众多的名血统鸽，多数不是用杂交配对作出的，而是用近亲配对，并经过不断提纯复壮，创造出有自己特色的名系鸽。但这需要花费很多精力和很长时间，这对我国绝大多数业余养鸽者来说，确实是很难实现的。他们希望早日得到优秀赛鸽，走杂交配对的路子，应该说是较现实的捷径。近年来我

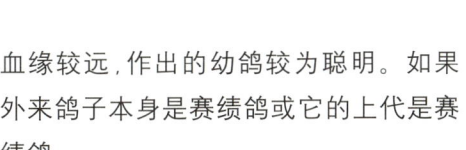

国鸽界各个项目竞赛中的众多冠军鸽，不少是以血缘无关的两羽鸽子配对所产生，特别是远程赛鸽。1987年疏勒河—上海（空距2 424千米）归巢的230羽赛鸽，绝大多数是杂种鸽。不管杂交繁殖有什么不足，但它毕竟是迅速改良鸽子遗传性的一种好方法。可以通过杂交动摇亲代的遗传性而产生变异，以便从中获得更理想的新品种。

（3）赛绩鸽、品系鸽配 这是杂交的几种模式之一，又称表现型配基因型。是指先选择竞翔成绩突出的雌鸽或雄鸽作为种鸽，再挑选有良好血统的品系鸽子作配偶，这种配法的优点是能够较快地繁殖出所希望的优秀后代。经过竞翔，在飞速快、归巢性强的信鸽中选出一二羽外貌像父（或母）的留作基础种鸽，再用杂交方法挑选配偶，繁殖下一代。在采用此法时除注意种鸽选择外，还要考虑环境条件的影响，以发挥种鸽优良性状的作用。赛绩鸽和品系鸽如果都是外来的要注意基因型配偶对环境的适应性。

外来鸽配本舍鸽，系指本舍鸽子配外地、外国的鸽子，这种杂交配对种鸽的血缘较远，作出的幼鸽较为聪明。如果外来鸽子本身是赛绩鸽或它的上代是赛绩鸽。

这种配对法是在品种间采取两地的种鸽进行配对繁殖。显然，它要求两羽种鸽地理分布位置较远些，或其所住地的地理环境有一定的区别。如用低海拔地区能善飞、速度快的种鸽与高海拔地区的种鸽交配，可以培育出快速、能吃苦耐劳、适应恶劣环境的后代。这种配对的目的在于利用两地种鸽在所在地区养成的习性，产生出适应新环境的新品种。

采用这种配对法可以培育出新品种。在20世纪30年代，黄钟从李梅龄处获得一对比利时的密勒系作为基础种鸽，经精心选育，培育出一个遗传性能稳定的密勒系。该系具有黄钟系的特色。代表鸽"4401"淡雨点雄鸽，1936年获厦门赛冠军。李梅龄获天津赛冠军的"759"雨点雌鸽（1932年生），是用比利时的伟奇鸽做基础种鸽培育而成的。这种配对法也是一种杂交。当然，它和杂交一样，其后代有优势，但优势不稳定，只有通过不断地提纯复壮来解决这一不足。

6. 配对前的准备

上面我们讨论了几种配对的类型。如果你根据一定的培育目标,准备采用其中某个类型,并据此选定一对理想的种鸽,在送入"洞房"之前还得做好配对前的准备工作。

这些准备工作包括:①观察种鸽的健康状况是否良好,检查其粪便、肛门是否正常。如发现有虫卵时,在交配产蛋后的孵蛋期间还可驱虫一次。要注意的是,在种鸽交配前几天不要驱虫,以免药物影响下一代。②在决定配对的种鸽的巢房外面贴上标签,注明足环、号码、年龄和羽色等,以免因混淆而产生差错。在交配前几天内不要放飞,喂食、喂水也在巢房内进行。③观察种鸽发情情况,如发现性欲不旺盛,可给雄鸽注射睾丸素,雌鸽注射黄体酮,均为每次0.5毫升,连续注射4天。

7. 配对技巧

(1)合笼法 指把选定要配的一雌一雄关在1只配对笼里,可望而不可即,使其相互熟悉,先产生感情。看到雌鸽向雄鸽频频点头时,把控板抽去即成,这种方法所花时间不长,一般3～5天就能配上。

(2)拆对重配 这是难度最大的配对,原本一对恩爱夫妻,现在硬性把它们拆散,再同一个陌生异性关在一起,不打得头破血流才怪呢!即使小打小闹,伤了感情,要配上也是很难的。所以先要把双方单独饲养(鸽子有个特点:"不见了,忘记了"),然后用配对笼使其慢慢产生感情。拆对重配不能心急,时间要长一些。

鸽子是"自由恋爱",严格遵守一夫一妻制,这是它们的自然本性。养鸽者为了育出好幼鸽,常需把它们拆开重配,配上后再拆开,只要方法得当,它们也会乖乖地接受主人的安排。一般在重新配对之前,应将原配的雌雄鸽分离,不让它们见面,以便使其遗忘掉旧配偶,尽快适应新配偶。分离对于用原配雌雄鸽的繁殖大有好处,所以通常每年应拆对分居重配。因为暂时分离能使种鸽保持精力,以便在交配时性欲旺盛。分离时间一般为1个月以上,最少也不得少于两周。雌雄分离时,将雄鸽留在原鸽舍,雌鸽移到另外一个鸽舍,分离期不可让两者见面。这期间,鸽子是不驯服的,有的互相争斗,有的在飞翔时不听呼唤,若管理不善容易失踪。因此,对分离鸽的管理要温和,观察要仔细,并加强运动以增进食欲,但又要注意不可喂得过饱,防止过肥导致交尾而不受精。

当分离到性欲旺盛时,就可以着手配对。如果是原鸽分离后再配对,只要关入鸽舍或空房内,无其他鸽干扰,就能很快自然配对。如果是"再婚",应让它们能见不能及相互熟悉几天之后再配对。当两者在巢房内不争斗,雄鸽脚踏舞步、低头鼓颈,一面振翅,一面发出"咕嘟、咕嘟"的叫声,雌鸽低头,围着雄鸽转,并相互理羽、接吻,这样数次以后就进入交配。

(3)促雌法 鸽子配对,一般是雄性主动,雌性被动。如果雌鸽主动,便有八成能成功。根据这一特点,设法促进雌鸽的性欲,达到交配的目的。现在促进雌鸽性欲旺盛的常用办法是将雌鸽单独关养几天,等它性欲旺盛时,再将其与要配的雄鸽放在一起,如再有较好的环境配合(鸽子喜欢在窠外不远的开阔地上且在没有骚扰的情况下进行交配),自然很快就能配上。

实践证明,在一切条件相同的情况下,雌雄双方都处于性欲最旺盛时进行的交配是最佳交配,亲鸽会把优良基因遗传给下代,这样产下的幼鸽最能吸取父母双方的优点,但要做到这一点也不那么容易。

(4)注意事项 种鸽配对后所选的巢房,不要随便更换,以免影响种鸽的恋巢性。一个安全、舒适、温暖的窝,一个经过"生儿育女"的家,这是产生恋巢最根本的物质条件,笔者有一羽参加北京亚运会比赛的雄鸽,过了两年以后才归巢,一进棚就找到它的老巢房,发现被它鸽占领,打得不可开交。

8. 学一点遗传学知识

遗传学就是研究生物遗传与变异的一门科学。遗传与变异是生物界的普遍现象,是生物普遍属性,鸽子也不例外。信鸽的竞翔能力得之于先天的遗传和后天的训练,而前者是物质基础。所以你若希望自己的鸽子在竞翔中获胜,学一点遗传学知识是很有必要的,它会指导你如何科学地去选种、配对,培育新品系。鸽友们在从事育种时,比较注意血统和外形的选择,这证明大家已经在运用遗传学的原理指导育种。为此,在探究育种之前,先在这里介绍一点遗传学常识。

(1) 达尔文的进化论 鸽子早就同进化论结下了不解之缘。生物学家利用鸽子做试验,揭示生物进化论的规律,而养鸽专家运用进化论来改良信鸽的形和质,他们各自都取得了令人瞩目的成就。

达尔文在《物种起源》一书中指出,世界上这数以万计、千姿百态的物种,它的形成取决于变异、选择和遗传三大因素。这就是说,这些物种在自然界产生的形形色色的变异,通过自然选择和人工培育,一些变异被淘汰,一些变异被保存,由于变异的保存使得生物界不断进化发展。达尔文在亲自对家鸽进行育种试验中,发现人们创造新品种的关键在于选择,即人对物种变异的选择。达尔文通过对当时的杂交经验的广泛总结,认识到"杂种优势"这一对培育新物种具有重大实际意义的遗传现象。他提出杂交可以使变异消失,但也可能是产生变异的一个原因。他还认为杂交可以把父母双方的遗传性融合在一起,使双方原有的变异消失而产生新的属于中间型的性状。这种"融合理论"虽然被后来兴起的分子遗传学所否定,但在当时是一种十分流行的遗传学说。达尔文还认识到返祖遗传的现象,如人类中有时会出现全身长毛的"毛人",许多家鸽品种中会偶然出现蓝色的具有岩鸽祖先的特征等,这些都深化了人们的认识。达尔文进化论的出现,有力地摧毁了各种唯心主义的神造论、目的论和物种不变论,被恩格斯称为19世纪自然科学三大发现之一。尽管其中的"融合理论"等已被后人否定,但是,以自然选择为中心的进化论还是公认的科学真理,并促进了整个生物科学的发展,对鸽界无疑产生了极其深远的影响。

(2) 孟德尔定律 奥地利生物学家孟德尔第一次提出了遗传学理论。他经过对圆滑豌豆和皱缩豌豆的试验,发现两条遗传学基本定律,即遗传因子分离定律和自由组合定律。

分离定律认为,生物在形成生殖细胞时,成对的因子(现在通称"基因")彼此分离,分别进入不同的生殖细胞中。孟德尔用纯种圆滑豌豆和皱缩豌豆进行杂交,发现杂交后的一代(F_1)结的都是圆滑豌豆,"皱缩"这一性状似乎已经消失。然后把杂交一代自行授粉,产生的第二代(F_2)多数是圆滑的,但也有少数是皱缩的,它们的比例大致是3:1。对此,孟德尔作了这样的解释：①每个生殖细胞内部都有控制相对性状发育的因子，它是遗传性状的决定者；②在体细胞中这些因子成对存在；③在生殖细胞成熟的过程中，成对因子的分离，各进入一个生殖细胞中，结果每个生殖细胞只有成对因子中的一个；④到了受精的时候，精子和卵子结合为一，精子和卵子各自带一个控制同一相对性状的因子，而两个因子合在一起，因此因子又恢复为一对。孟德尔进一步认定，在一起的成对的两个因子可以是相同的，也可以是不相同的，相同的叫纯合子，不相同的叫杂合子。这种因子可以分为显性与隐性两种。显性因子不论是纯合子或杂合子总能表现出来，而隐性因子在杂合子的情况下不能表现出来，只有在纯合子的情况下才能表现出来。

以后，孟德尔以分离现象为基础，仍用两种豌豆做实验，一种是红花高植株，另一种是白花矮植株，两者杂交时子一代都为红花高植株，但在子二代中都出现了一种"独立分配"现象，即既有红花的高植株和矮植株，又有白花的高植株和矮植株，共有4种不同性状的新豌豆，而且成9:3:3:1的比例。据此，孟德尔得出了遗传学的又一基本定律：自由组合定律，又称独立分配定律。

自由组合定律在杂交的F_2代中，出现了新类型（组合变异），这就提供了培育新种的一种办法。如可将一羽归巢性好但飞速较慢的信鸽与另一羽飞速较快但归巢性不稳定的信鸽进行杂交，在F_2代中就可能出现既是归巢性好，又有较快飞速的新品种。

(3) 摩尔根染色体遗传学　美国生物学家摩尔根对孟德尔学说作了进一步发展，提出了染色体遗传学说。他用果蝇做了大量试验，认为遗传因子位于染色体上，并称这些因子为基因。

染色体存在于细胞核中，在细胞不分裂时期，它以染色质的状态存在，在细胞分裂时成为短粗的杆状结构，称为染色体（因为它染色较深）。在细胞核中含有进一步发育所必需的全部信息，它对于这个细胞将发育成什么物种有所决定，并且也决定将发展成的生物个体是大型的还是小型的，颜色是红的还是白的等。这些发育的信息及指令均存在于染色体上。在染色体上，依照顺序包含一系列的化学物质，称为基因。这些似珠子一样成串地分布在染色体上的基因还代表着所有的遗传性状,因而被称为"遗传的基本单位"。染色体在细胞内是成对存在的,各种动物都具有一定数目的染色体,如鸽子的染色体一般认为有80条(40对)。

在细胞分裂之前,所有细胞内的基因、染色体及细胞核等分离的部分,都会由一个分裂成为平均的两个部分。成对的染色体(同源染色体)中的一条有时可能比另一条多出一个或一个以上不同的基因。

一个个体细胞中的一对同源染色体中,其中一条是来自雄性亲代,而另一条则来自雌性亲代。因此,每一个性状均由两个基因所控制,分别来自雄性和雌性亲代。雄性及雌性个体的性细胞和体细胞的染色体的数目是不相同的。所有成熟的性细胞只有正常体细胞染色体的一半。当性细胞尚未成熟时,它们仍与其他体细胞相同,但在紧接着的一次细胞分裂时,染色体本身并不分裂,而是同源染色体彼此间分离而平均分配到两个新的细胞中。因此,所有成熟的性细胞只有正常体细胞染色体的一半。上述这种细胞分裂方式,被称为减数分裂。在减数分裂过程中,细胞内染色体的组合方式,乃是随机配合。一般来说,一羽鸽子的精子或卵子中的染色体组成,部分来自其父,部分来自其母。完全地继承父方或母方的遗传组成的概率是很小的。因此,一羽鸽子得自它亲父母或外祖父母代中各个遗传组成的概率,可以从很高到很低而有所差异。

事实上,雄鸽将遗传形质经由精子传递给后代,可能有数百万种不同的遗传组成方式,而雌鸽也不例外。由于种种复杂因素,鸽子彼此之间可以说没有两羽是完全相同的。在实际育种中,两羽冠军鸽并不一定可以绝对传出冠军鸽子代,也可能得到的子代是"低能儿"。但从总体来说,用好的名系鸽子育出优秀后代的概率比没有选择而随便配对的要高得多。

(4)分子遗传学 如果说1900年后建立的细胞遗传学是生物科学发展中的一次突破,那么20世纪50年代兴起的分子遗传学便是一次更新的突破,即把对遗传和变异的研究推进到了生物分子水平。这门新兴学科是在遗传物质脱氧核糖核酸(DNA)分子结构确立后迅速发展起来的,目的在于阐明脱氧核糖核酸的复制机理和脱氧核糖核酸、核糖核酸

(RNA)与蛋白质之间的关系。我们知道从亲代传递给子代的只是一种"遗传信息",承担遗传使命的物质则是细胞内染色体上的脱氧核糖核酸和核糖核酸。生物的种种性状是在细胞中通过蛋白质的合成才能得到表达,而蛋白质的合成则是由脱氧核糖核酸的分子结构通过遗传信息的转录和翻译来决定,其结果使得子代发育出来的性状能与亲代相似。现代分子生物学的这些重大发现,深刻地揭示了遗传、变异和生命现象的实质,同时也为生物学的发展开辟了广阔的领域。

(5) 新兴的遗传工程　20世纪70年代初,在分子遗传学的基础上又出现了一项新兴技术——遗传工程,又称脱氧核糖核酸重组技术,或基因工程。这项技术能把一个生物体的基因转移到另一个生物体内,与另一个生物体的脱氧核糖核酸结合,从而改变生物的性状和功能,实现遗传性状的转移,创造更加适合人类需要的新生物。遗传工程目前方兴未艾,它为人类有计划地改进现存生物,或据以形成完全新型的生物,提供了可能,其发展前景十分诱人。

四、育雏是比赛的起跑线

鸽界有句行话:"比赛是从雏鸽开始的"。从繁殖雏鸽开始,包括种鸽交配后的产蛋、孵蛋、育雏等,对种鸽和雏鸽的饲养管理都必须细心周到。

1. 选择最佳繁殖季节

究竟在哪个季节繁殖出的幼鸽更好呢?鸽友们也是各有所好。有的喜欢"腊月早春鸽",也就是腊月孵蛋,初春出雏;也有的喜欢夏季出雏,以为夏季的气温有利于雏鸽的发育。当然更多的人把育雏的时间安排在春季。300年前的《鸽经》中说"秋鸽力软,夏鸽毛稀,春生者得震巽之气乃能乘风凌云",也就是说只有

育　　雏

春天繁殖的鸽子得到天地自然之气,能高飞凌云。比利时得过2次巴塞罗那国际赛冠军的凡布利安娜所有鸽子都是春天繁殖的。

"春生夏长,秋收冬藏",反映了万物生长的普遍规律。百鸟声喧的春天,是鸽子衔草筑巢、生儿育女的黄金季节。实践证明,春季繁殖的鸽子比较好,所以说春季是鸽子育雏的最佳季节。

2. 产蛋、选蛋与孵蛋

鸽蛋是鸽子生命的起源,可见,产蛋、选蛋与孵蛋方面的知识,对每一位养鸽者来说,是多么的重要。

(1) 产蛋 蛋在雌鸽的卵巢和输卵管中形成,最后从泄殖腔排出体外。在雌鸽产蛋期间,雄鸽不停地催促雌鸽进入产房,这就是平常说的"叮蛋"。

种鸽一经配对,在频繁交尾之后的10天左右,雌鸽在下午5~6时就会产下第一枚蛋,称之为"头蛋"。相隔44小时,也就是在第三天的下午1~2时,产下第二枚蛋,俗称"二蛋"。身体强壮的雌鸽,产蛋时间会早一些,反之,可能会推迟一些。雌鸽在产蛋期间,不要强迫它绕棚飞行,否则,它可能在产下头蛋以后,第二天就产下二蛋。而这个二蛋不是过小,就是软壳,成为不能孵化的"次蛋"。

雌鸽蹲伏在巢盘内,雄鸽飞出舍外不断地衔草,要是雌鸽离窝,雄鸽就会追逐雌鸽回巢,此时交尾次数明显增加,这是即将产蛋的前兆,应及时把巢盘铺好,为其准备好"产房"。

一对种鸽每次产蛋两枚,这是正常现象。有时雌鸽产下头蛋以后,就没有再产二蛋,原因是生理上或心理上不适应。此外,老龄的雌鸽每次只产一枚蛋,且蛋体较小。台湾一位鸽友的鸽子一次产下3枚蛋,孵出3羽幼鸽,比赛中都入关,那是很少见的。也有一对鸽子一次产下4枚蛋的报道。鸽子也有"同性恋",

鸽　蛋

鸽蛋要白里透红,光洁鲜艳,麻壳、厚壳、薄壳蛋均不合格

即2羽雌鸽同居一室,进行"假性交配",2羽雌鸽产出4枚蛋,但都是无精蛋。

俗语说"头窝蛋,金不换"。什么是头窝蛋呢？有几种说法：一是雌鸽第一次发情交配产出的蛋,这种蛋个体比正常蛋略小,但孵出的雏鸽正常,这对每羽鸽子来说一生中只有一次；二是从秋季开始雌雄隔离分居,到次年春季产出的

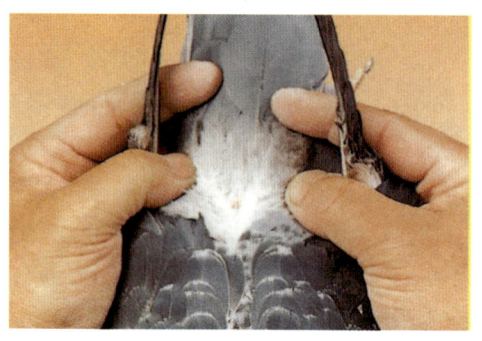

检查生殖腺

种鸽的生殖腺油脂丰满,表明繁殖力旺盛

听 音 乐

给孵蛋的亲鸽听听音乐有利于孵化的进行

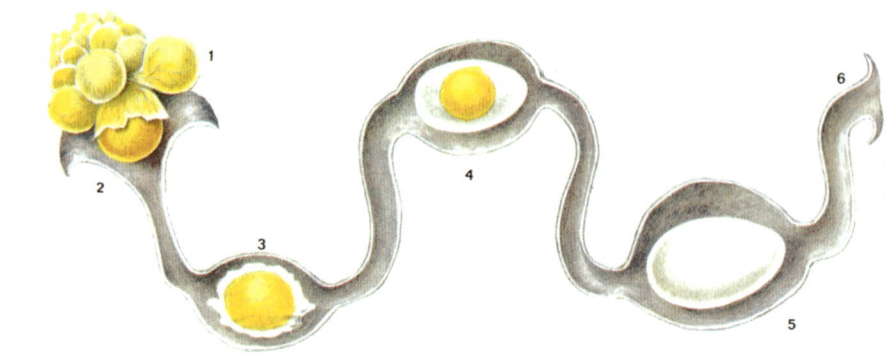

蛋的形成过程

第一窝蛋(由于父母精力旺盛,无疑会是优生蛋);三是雌雄鸽没有在秋季分棚,但因秋季换毛而没有交配产蛋,待换毛结束后交配产出的第一窝蛋。总之,年轻种鸽和新配种鸽产的头窝蛋,父母精力充沛,性欲旺盛,往往会把优良基因遗传给子代,孵出的幼鸽之素质、性能、体魄都较好。

夹窝蛋(亦称"还魂蛋"):指种鸽孵出的雏鸽尚未出窝,在20天左右种鸽下的一对蛋。能生夹窝蛋说明种鸽健康,如果这是一对优良种鸽的话,那么可以有效地把优良性状遗传给下一代。从这个意义上说,夹窝蛋也可以说是优生蛋。卡罗医生到凡布利安娜家里去求购鸽子时,幼鸽刚满月,亲鸽早在幼鸽15日龄时又下了一对夹窝蛋,凡布利安娜说,"这窝蛋你带去吧"。就是这窝蛋出的鸽子,其中一只获巴塞罗那国际赛冠军。

(2)选蛋 钙是蛋壳形成的必需物质,如果血液中钙的含量不足,鸽子便会从自身的骨骼中吸取产蛋所必需的钙质;吸取不足时就会产下软壳、薄壳等壳质低下的鸽蛋。这种鸽蛋即使是"超级种鸽"也不能作种蛋。严重缺乏维生素A和维生素D,也会造成壳质低劣。粗壳蛋主要是营养失调,雌鸽食用过多的钙质,或是嗉囊内砂粒太少所致。粗壳蛋会使雏鸽啄壳困难,只有光滑、白里透红的蛋,才是最佳的种蛋。

种鸽在1~5岁时产的蛋质量最好,但也有人让6岁以上的好种鸽继续产蛋。有些老雌鸽产蛋正常,但也有的产蛋略小,只要雄鸽健康,这种小蛋往往是有精蛋,孵出的雏鸽体型小,活力差,将来留种还可以用,如用于出赛,则成功的机会较少。

鸽蛋带粪要分析原因,决定取舍。一种是产下来就带粪,这是由于雌鸽的排泄系统与生殖系统出了问题,这种蛋不宜孵雏,因为蛋的表层有极小气孔,鸽粪如带有病菌,很可能乘虚而入,这样雏鸽就难以成形,即使出壳,将来雏鸽的体质也较差。雌鸽排泄系统与生殖系统之所以没有良好功能,可能已感染了肠型沙门氏菌,为此,最好立即隔离治疗,否则将导致老幼俱废。另一种是鸽蛋产下时在巢盘内沾到鸽粪。巢盘内发现粪便,要立即清除,再铺垫一层新草。已沾上粪便的鸽蛋,可用湿布轻轻擦干净。

当头蛋产出之后,应及时取出,换上假蛋给种鸽孵窝。取出的鸽蛋,在其两端用铅笔写上种鸽品系、产蛋日期、蛋次,并注意蛋上的字不易在孵化时被擦掉。如能再做个较详细的书面记录,自然更好。取出的头蛋写清标号以后,要竖着置放。蛋下面放一口径略大于蛋端的瓶盖子,过一天换一个方向。要轻拿轻放,不让受强烈震动,以防死精或碎壳。在初春时鸽蛋放3~5天是可以孵的,在初夏气温增高,放3天也无问题。等二蛋产下后,再放进头蛋一起孵化,目的是为了使一对雏鸽同时出壳,且大小相同。否则会造成一大一小,大鸽得天独厚,小鸽无力争食,容易呕僵。由于气候的关系,头蛋放的时间要根据气温高低而增减。

　　雏鸽的性别,并不是非要早弄清楚不可。当然,有人喜欢预测一下鸽蛋出雏的性别,也未尝不可。有人说"头蛋出雄,二蛋出雌";有人说"长尖形蛋出雄,圆团形蛋出雌"。有经验的养鸽者从长期照蛋中观察到一个共同的现象,即鸽蛋孵化到3~5天,凡受精卵都要"上绒",即看到蛋壳表层的血丝。血丝细且密,左右花纹不对称者为雌性;血丝粗疏,左右花纹对称者为雄性。用此法来鉴别鸽蛋的雌雄,准确率达90%左右。

　　(3)孵蛋　在孵蛋之前,要给种鸽提供筑巢材料。雄鸽在产蛋前后总是忙碌地在舍外寻找细树枝、羽毛之类的东西,并一根一根地衔到草窝中去,由雌鸽负责铺垫。如用硬质的巢盘,最好在窝内铺垫一块麻布,下面放些稻壳或木屑,防止蛋直接与巢盘底接触而受损。南方养鸽习惯于用草窝(一种稻草编结的巢碗),没有铺垫也无妨,但必须把草窝晒干,这样既舒适,又有利于杀菌。如用木质或泥质巢碗,切不可忽视铺垫细软巢材。

　　在孵蛋期间,要随时注意检查鸽蛋与排泄物,最好做一次驱虫工作,来一次清理,以防止将来雏鸽受害。在孵化到第5天左右,要进行第二次检查。主要检查是否为无精蛋,如发现无精蛋,须加以记录,然后取出。

　　在孵蛋过程中,还要随时观察并注意下列几点:

　　①蛋色:一对新蛋应有鲜蛋之色泽。孵上5天后,应转为灰白色;孵上7~10天的蛋,便转变为淡灰蓝色;孵到10天左右,鸽蛋变成半明半暗;到12天即成全黑色,这时胎儿已形成。若孵到13~15天检查,会发现蛋色为深灰蓝色,

摇之有声响。如有裂缝,则散发出臭味,这就说明已成死胎。

②蛋温:在亲鸽离窝进食时,可用手摸蛋试温,通常死蛋比活蛋降温快。如同窝的两枚蛋冷热不一,应立即取出冷的一枚对光照视,检查胚胎发育情况。一旦发现坏蛋,应立即取出。

③破碎蛋:在孵化过程中,发现蛋壳破损,可用薄纸把破损处封住(不能用橡皮胶布等化学材料),大多破损蛋可以安然孵出雏鸽。对修补口过大的蛋,到了破壳日期,要检查一下雏鸽在蛋内破壳的位置,如正在修补处,应立即除去薄纸,以免雏鸽在蛋壳中窒息而死。

鸽蛋孵化到15天左右,蛋内雏鸽开始啄壳,蛋壳表面可以看到犬牙交错的裂纹,这叫"蛋齿"。为便于出壳,此时最好把鸽蛋浸一下水,时间1~3分钟,水温39~42℃。雏鸽出壳时间一般为3~4小时,超过这个时间就叫难产。难产的原因之一是过于干燥,蛋壳和雏鸽绒毛粘在一起,雏鸽无力挣扎,时间久了可造成雏鸽窒息而死。齿蛋浸水的目的使蛋壳表面温度降低,湿度增加,就可免于难产。蛋壳太厚也会造成难产,可以设法用指甲轻轻地弄破它(一般在破壳时间后1~3天还出不来的情况下才可人工剥壳),但一定要非常小心,以免损伤包在雏鸽身上的薄膜,更要避免雏鸽流血而造成死亡。

鸽蛋一般经过17~18天的孵化,雏鸽就能脱颖而出。脱壳时间愈短,雏鸽体质愈佳。孵化时间太长,甚至超过规定时间1天以上,这些鸽子将来参赛一般不会有好成绩。

种鸽孵蛋到15天左右,身体就起变化,开始分泌鸽乳。鸽乳的主要成分为蛋白质与活菌,是雏鸽最佳的天然营养物质。所以有充足的鸽乳,雏鸽才能养得健壮。增加鸽乳的方法:通常在种鸽开始分泌鸽乳时,饲料要以能够吸水分较多的细料为主,直到雏鸽出壳后的第10天再改用原来的饲料。另一种方法是将饲料浸水一两个小时,再用阳光或吹风机把饲料表皮吹干,供食用。效果最好的方法是把青豌豆浸水半小时后铺在半湿的麻袋上,再盖上一层半湿的麻袋布,等发芽后送进冰箱储藏,隔日供食用。但不论用哪种方法,都要同时供给红土和饮水。

3. 配备"保姆鸽"

"保姆鸽"也称"奶妈鸽"或"义鸽"。种鸽产蛋后,用"保姆鸽"育雏是常用的方法。这样可以确保优良种鸽的身体健康,不断提供优质鸽蛋。特别是用优良的赛鸽作种鸽时,在育雏期间还可以调节翔态,作为参加竞赛的一种手段。

人们常说"吃奶像三分",所以一定要有好的"保姆",才能育出好的幼鸽。因"保姆鸽"在哺雏鸽时所分泌的乳汁成分能直接改变雏鸽的某些生理特性,使体质形成某些变异。这些变异是进化,还是退化,这就看"保姆鸽"是否是优良品种,以及在饲养过程中所给的营养条件和环境条件的优劣。可见,选择"保姆鸽"决不能等闲视之。那么怎样为雏鸽找一个好"保姆"呢?首先,必须挑选年轻力壮、体型较大的,一般要求雄鸽在500克左右,雌鸽不低于400克。最好用自己鸽棚中淘汰的赛鸽作"保姆"。其次,要找那些孵性好、呕性强的。因为这种"保姆"责任心强,就是在吃食时还念念不忘自己的"儿女",啄几粒玉米就回窝孵蛋。如孵一会站一会的"保姆",会造成孵蛋受凉。尽可能不要用第一次产蛋的青年鸽作"保姆",因为它们最易犯上述毛病。同样,一些呕性好的"保姆",它拼命吃食,又尽力呕哺雏鸽,吃了呕,呕了再吃,直到雏鸽不张嘴讨食为止。只有这样的"保姆"才能代替父母,哺育好下一代。不能让患病的鸽子作"保姆",以免影响雏鸽健康,那是自不待言的。

有一类雌鸽,或因生过病、受过伤,或天生就只会配对而永远生不出蛋来。它虽已丧失生殖能力,但还能配对,也像正常的雌鸽一样,有求偶交配的要求。如选一羽体壮的雄鸽与之相配,因它生不出蛋来,就特别爱蛋,可以随时拿一对鸽蛋给孵(先放一枚,隔一天再放一枚,像正常雌鸽生蛋的做法一样),它就会很小心地恪尽职守。而雄鸽则认为这蛋是雌鸽所生而跟着孵化,充当"亲爹"的角色。这样的"保姆鸽"随时都可以孵蛋,可说是非常理想的"保姆鸽"。

对"保姆鸽"的饲养管理同样要周到,要知道,赛鸽今后能否获得好成绩,全靠它的哺育。总之,"保姆鸽"也是"产妇"和"保育员",而不能把它看作是劣等鸽。在管理待遇上要与种鸽一律平等。

4. 雏鸽的筛选

不管你的种鸽何等优良,产出的雏

四 育雏是比赛的起跑线

鸽并不是每一羽都具有亲鸽的优良性状。所以,如不加选择,有可能是白费工夫。因此,选择雏鸽是非常必要的。那么怎样鉴别一羽雏鸽的优劣呢?可以从以下4个方面考虑:

第一,在鸽蛋孵到第14天时,把鸽蛋放在阳光下或灯光下透视,发现鸽蛋气室较大,将可能获得一羽优良的雏鸽。因气室大,供气充足,能更好地促进胚胎发育。对此,目前也有持相反意见的。一般到第16天时,鸽蛋表面发现蛋齿,说明胎鸽正在啄壳。这时把鸽蛋放在耳边听听,啄壳声大而频率较快的,则从啄壳到出壳的时间就短,说明这只胎鸽是强有力的。反之啄壳声微弱的,说明这只胎鸽体弱。当雏鸽破壳而出时,千万别忘了检查一下破碎的蛋壳。如果蛋壳里层污血斑斑,说明这一雏鸽体质可能不怎么样。相反,蛋壳里层比较清洁,说明这是一羽体质优良的雏鸽。

第二,雏鸽出壳后的第二天,把它轻轻地提在手里,看看它的脐带收缩得好不好。体质好的雏鸽,脐带口一定收缩得很小,而且平伏。3天以后雏鸽已能站起来。10天左右能站起来啄你的手掌,说明它活动能力很好。

上面两种情况都是先天性的,其中有些在日后成长中是可以弥补的。所以,当雏鸽到了30日龄时,羽毛丰满,能独立生活,可再进行一次选择。此时如发现有后天不可挽救的缺陷,应下决心淘汰。这些缺陷指先天性的胸骨弯曲、损伤或胸骨突过高;翅羽上杂有片片横线条或斑纹,说明雏鸽已经呕僵;个体太小,说明发育不良;单眼失明、畸形及羽毛粗糙等均为缺陷。对有缺陷的雏鸽都要淘汰,不要手软。因为不可能指望有严重缺陷的鸽子披挂上阵去争冠军,就是将这类鸽子留作种鸽也不太理想。

第三,将30天左右的幼鸽置于适应笼一两天,观察它独立生活的能力,即可作出留优去劣的选择。假如出巢后一两天内不能适应新舍,发现有不思饮食、身体消瘦等现象时,便可淘汰。只有能适应新环境的雏鸽才可留存。在这段时间内,还可给幼鸽沐浴,假如雏鸽胆小怕水,不妨也可考虑在淘汰之列。

第四,从外形、体质上选择。选择雄雏鸽的一般要求:出壳后生长快,性格活泼;头部大,呈方形;嘴宽厚,长短适中;鼻瘤紧而扁平;脚粗大;胸骨较长,末端较尖;雏毛(又称胎毛)呈橘黄色。4根主

翼羽的末端较尖,尾脂腺不开叉。眼睛的着生位置在嘴合线上端,瞳孔要圆,眼志要宽。出壳十几天后,用手摸幼鸽时它反应敏捷,羽毛竖起,并且会啄人的手。刚会走动时常常离开巢盘,当种鸽哺食时会"争先抢喂"。一般性格倔强的幼鸽往往是飞长路的好赛鸽。雌雏鸽的一般要求:体型偏小,头圆而小,嘴长而窄,鼻瘤较窄小,瞳孔圆,眼志发达,脚细短,雏毛呈金黄色,头先出真毛,出巢时胸颈部的真毛呈橘黄色,4根主翼羽的末端等长,主翼羽较阔。

以上4个方面的要求,养鸽者可根据自己的经验灵活掌握。实践证明,从雏鸽期进行选留,并配以专门的饲养管理和调养,是能够初选出较好赛鸽的,这也为后期选择赛鸽、种鸽打下基础。一对优良种鸽所繁殖的雏鸽总是良莠混杂,出一羽"超级个体"是极难得的,一旦发现,要特别照料,以备将来把其培养成为最优秀的赛鸽。

5. 雏鸽的养护

当第一羽雏鸽破壳而出时,有人不免情不自禁地要去推开亲鸽,看看这个初生的"婴儿",甚至用手去抚摸一番,殊不知这会带来预想不到的不良后果。因为这期间"婴儿"的双亲时刻警惕着有可能伤害自己"孩子"的种种举动。所以,有些亲鸽见到人们去骚扰是很恼火的。它会用翅膀扑击你,用嘴啄你,甚至把另一个正在出雏的蛋踢出去,等你发现,那胎鸽已夭折在蛋壳之中了。因此,你要观察初生"婴儿"时,最好是趁雌雄鸽换班之时,或早、晚喂食亲鸽离巢吃食之际。

在此期间,鸽舍应采取相应的防卫措施,如孵房要装上栅栏门,使亲鸽在育雏时有一种安全感,还可防止外来鸽为争巢发生打斗。若发生这类打斗,雏鸽就会遭殃。

雏鸽出壳以后,全身被细软的黄色羽毛所覆盖,眼睛也没有睁开,且不能自食,要父母用嘴进行哺育。雏鸽出壳后的2~4小时,种鸽就开始给它喂乳,一直到第5天,才哺给半软半硬的食物。这时种鸽的饲料以豌豆为主,适量加些糙米、高粱、盐土和蔬菜等。从第7天起,种鸽就用经嗉囊浸润过的饲料(如豌豆、绿豆、玉米、稻米等)哺育雏鸽。

雏鸽出壳后3~4天,身体已渐渐强壮,但在草窝里爬动的范围还很小;到4~6天,有时亲鸽离开,它也会冒险地从草窝里爬出来,此时雏鸽根本没有回巢的意识,也没有回巢的体力,亲鸽也只有眼睁睁地看着雏鸽在挣扎,爱莫能助,时间过久,雏鸽可能会冻僵,此时要立即把雏鸽放在亲鸽的腹下,因为心脏还在跳动,雏鸽会复苏。

7日龄的雏鸽

此时消化功能发育基本健全,亲鸽开始呕给原粮,此时必须添加营养

25日龄的雏鸽

雏鸽25日龄以后,亲鸽往往又要交尾产蛋,对幼鸽疏于照顾

选 雏

幼鸽出棚前进行一次筛选,淘汰那些不合要求的个体

出棚前幼鸽

栖格用不同色彩,可以帮助幼鸽认识自己的位置,以免因走错而发生争巢

雏鸽刚出生的几天,生长快,主要应防止被亲鸽踩伤。如因雏鸽大小不一、强弱不均,应用人工喂大的一只,让它吃饱,以免与小的争食。让小的多吃鸽乳,很快会赶上大的。另外,给小的增加营养片,也是可以的。

8日龄的雏鸽刚出毛管,对亲鸽要喂含蛋白质较多的饲料,有利于雏鸽羽毛长得丰满。雏鸽到10日龄左右,新的羽毛渐渐长出,从12～13日龄起,雏鸽食量加大,在正常的饲养条件下,雏鸽发育会很快。但有的也容易出现嗉囊积滞、咽部发炎等消化不良现象,应给雏鸽喂一点酵母片,每日一次,每次半片或四分之一片。同时,要给亲鸽喂浸泡过的饲料,浸泡的目的是使饲料软化,避免饲料在雏鸽嗉囊内发涨。15日龄的雏鸽需要大量矿物质,要多喂盐土,有利骨骼的成长。

雏鸽在20日龄左右,鼻瘤已经形成,新生的羽毛会给人一种新鲜的感觉,整个形体已略见端倪,但体躯却出现消瘦现象。因为20日龄前的雏鸽,体内水分含量占76%,随着羽毛丰满,水分含量降到56%,所以外表上呈现"清瘦"现象。此时,雏鸽会拍动翅膀,梳理羽毛,有时还跃跃欲试飞到巢外去运动。虽然它不时地啄食谷粒,但还不能吞食下咽,因而每每用喙去碰亲鸽,意在求助和讨食。凡此种种,都表明它还处于"雏儿"时期。

25日龄的雏鸽,已经结束"童年时代"而转向独立生活。它开始跟着亲鸽学吃食,亲鸽也会做出明显表示不愿照料雏鸽的动作。这时可以有意识地在巢箱内放置些颗粒饲料,让它们学习啄食。此时就该断奶,让其离开亲鸽,独立谋生。幼鸽早断奶是一项"饥饿"训练,可以锻炼它们的耐力。也许头一天还找不到食吃,又找不到亲鸽乞讨,饥饿难忍,第二天它拼命吞食,就很快学会找食吃的本领。此时应喂给大颗粒的饲料,如玉米等,促使它们自幼养成不挑食的习惯。幼鸽出壳20天后可以给它们注射新城疫疫苗,如用灭活疫苗针剂注射一针,一年内有免疫力;如用活苗滴鼻,4个月内有免疫力。如有可能,还应该给幼鸽注射鸽痘疫苗,防止幼鸽患鸽痘。

赛鸽丛书 AIGE CONGSHU

五、饲养促生长，管理保健康

信鸽要在比赛中取得好赛绩必须有一个健康的体格，一羽亚健康或容易受感染的鸽子，你别指望它有好成绩，更谈不上得冠军。健康鸽有两个条件，一个是先天条件，一个是后天饲养。有一年夏天，武汉王治国（人称"鸽子王"）到上海向张朝德买10羽幼鸽，乘坐长江轮回到武汉，10羽鸽子死了9羽，活下的一羽是凡布利安娜系，它所以能存活下来是有一种保持健康的基因，在同等的环境下，它能比同伙们多活几天。据说，哥伦布发现新大陆以后，贵族们为开发美洲，从非洲买"黑奴"，装在海轮中运到美洲，发现一部分"黑奴"经不住饥饿、闷热而死亡，能存活下来的都是身强力壮的，所以他们的后代也具有一种特殊的体质。王治国那羽存活下来的鸽子，其子孙获得多次冠军，这羽鸽子被命名为"九死一生"号。

怎样使得你的鸽群在竞翔中经常获得好成绩，我国鸽界有句三字经："种、养、训"。说得具体点，就是优以种、勤以养、严以训。有了优良的品种，饲养管理和训练这两个环节跟不上，也不可能飞出好成绩。这句话没有错，但是近10年来，变化很大。现在谁家的鸽舍没有几羽好种鸽，引进超级鸽也不少，试问，参赛者都有好种鸽你如何取胜？从某种意义上讲，现在的鸽赛不是比种，而是比养比训。第2个条件，在于后天的饲料，也就是把不具备特殊健康基因的鸽子经过科学的管理，把鸽子养好，使它们具有一个健康的体格，同样可以获胜。

1. 保持鸽舍的清洁卫生

鸽子是爱洁净的动物。能否提供一个清洁卫生的环境，对鸽子的健康关系极大。鸽舍除必须每天打扫外，隔一周要进行一次大扫除，清除木板缝隙中的积尘和粪便。每个季度要进行一次水洗，冲刷地板、巢格，揩刷门窗。另外，还要清理周围环境，扫除垃圾和其他一切

赛 鸽 丛 书　SAIGE CONGSHU

不洁之物。

在饲养管理方面,台湾地区的鸽友是独树一帜的,得到了世界各国鸽友的赞扬,是值得我们借鉴的。

上海有位鸽友请了一位台湾教练员来帮他养鸽,他每天铲清鸽粪以后,还用抹布揩地板,平时看到鸽粪就揩去,鸽舍像托儿所一样清洁。现在有一种相反的意见,觉得有些搞卫生过了头的鸽友,他养的鸽子像"暖房里的花朵",弱不禁风,缺少抵抗力,最容易感染疾病。他们认为,过去一些赤脚、光屁股趴在地上的小孩子从来不生病。你不能说他没有一点道理,但鸽舍清洁卫生,不等于娇生惯养,鸽子是天天在飞翔训练的,就像运动员那样,抵抗力强,不生病是正常现象。

干净的鸽舍

有些鸽友一年四季不清除鸽粪，鸽子就在积满粪便的巢中生活，美其名曰"粪便干涸法"。国外个别鸽舍也曾采用过这种办法，有的鸽子也赛出了好成绩。须知这要有一合适的自然条件，如北方地区常年气候干燥，雨量极少，此法适宜。而在雨水多、湿度高的南方地区，鸽粪不可能干涸，而且易发酵发臭。记得有一年日本名鸽收藏家大田诚彦来上海，看了几家鸽舍，走到一家鸽舍，一股臭味扑鼻而来，他就退了出来，他认为鸽舍有臭味，不会有好鸽子，不看也罢。因此清除粪便的事是断然疏忽不得的。

鸽舍的日常管理中，要努力做到冬暖夏凉，尽量减少有害气体含量，使室内温度、相对湿度、通风、光照都符合要求。

（1）温度　鸽子是怕热不怕冷的，夏天要求保持在25℃左右。鸽子没有汗腺，要通过皮肤和呼吸蒸发散热。鸽舍温度过高，容易患呼吸道疾病。在炎热的夏天，按时给鸽子洗澡，也是一种降温的方法。冬天，温差过大，则又会引起肺炎和痢疾。到严寒的冬天，铁丝网的门窗要装上门帘和窗帘，防止冷风直接吹到鸽子身上。巢盆若是用木板或石膏制作的，要适当多加些干草，以保证正常的温度。鸽舍温度若能符合要求，鸽子食欲旺盛，健康活泼，羽毛光亮，发育自然更好。

（2）相对湿度　鸽舍的相对湿度应保持在55%～60%，在孵化期间，尤应注意。相对湿度不足，蛋内水分过多地向外蒸发；相对湿度过高，又阻碍了蛋内水分的正常蒸发，两种情况都会破坏胚胎的物质代谢。相对湿度不足，还会使雏鸽啄壳困难，即使勉强出壳，身上绒毛粘结，轻则影响体质，严重的甚至导致雏鸽夭折。巢盆中垫料具有保持相对湿度的作用，要注意添足。黄梅季节空气相对湿度高，特别是落地棚，一定要采取防潮措施，如垫高地板、开窗通风、防止漏雨等，不然病原菌和寄生虫便会趁机大量繁殖。

（3）通风　良好的通风条件，对鸽舍的降温、防潮作用很大。通风不良，空气中有害气体的浓度便会升高，这对鸽子特别是幼鸽危害极大。春、夏、秋三季，尽可能打开门窗，必要时在鸽舍内安装排气风扇。养鸽数量要求与鸽舍条件相适应，不要过于拥挤。运动场尽量大一些，一般要求是鸽舍的2倍。当然这对居住城市的鸽主来说，可能是难以做到的。

赛 鸽 丛 书　　AIGE CONGSHU

(4)光照　足够的光照,对加速鸽子机体的新陈代谢、杀灭某些病菌、保持鸽舍的干燥与温暖都有重要意义。冬季和早春的阳光对幼鸽的生长发育更为宝贵。自然光照可改善鸽舍环境,在管理上主要是每天把鸽群赶到运动场上晒太阳。如没有条件设置运动场的鸽舍,则最好能配备人工光照,即安装小功率日光灯。

2. 按时喂食和给水

(1)喂食　一羽成鸽每天饲喂量为25～35克。一羽雄鸽的体重为400～500克,雌鸽为350～450克,如果你的鸽群是雌雄参半,平均每羽鸽子的重量就是375～475克。因此,一羽成鸽每天的食量相当其本身重量的十四分之一。

每天喂食的次数最好是早晚各一次。早晨7～8时喂一次,投喂量为全日量的40%;晚上6～7时喂一次,投喂量为全日量的60%。每次喂食时间为5～10分钟,早晨略少点,目的是为了让它们有饥饿感,晚上进餐会吃得更欢,而且晚上间隔时间略长于白天,适当多喂是合理的。鸽子拉屎晚上多于白天,可见它的消化能力也是晚上胜于白天。有些养鸽者仅晚上喂一次,但食量大致也相等于一天两次的量,鸽子也养得不错。比利时养鸽家杨森兄弟采用一天一餐制。也有些鸽友每天喂3餐,甚至整天不断食,

喂　食

可用食槽喂食(左),也可将饲料撒在地板上喂(右)

五、饲养促生长，管理保健康

但每天消耗的饲料也不见多，可见鸽子是懂得饥饱的，多喂也不多吃。还有些农村或市郊的鸽友，基本上不喂粮，让鸽子成天在田里打野食，这也不失为一种方法。但比较起来，实行一天两餐制更合理些。每次喂食不宜过饱，吃个八成饱就可取走食槽。有些鸽友像哄孩子吃饭似的，总希望它们多吃些，以为那样就可以多长肉，这种做法是不足取的。

喂食时，要尽可能使每羽鸽子都均匀地吃到。为此，食槽的大小要考虑到所有鸽子都能进食。食槽过小，几只健壮凶悍的雄鸽各霸一方，幼小孱弱者只得向隅而立。至于刚断乳的雏鸽，则最好给它们另开"小灶"，但吃小灶时间不宜过长，当有能力独立，就应让它们与成鸽一起进食，以便从中得到锻炼，不然会养成懦弱的习性，到老也只能拣食溅落在食槽外面的残食。

若发现鸽子偏食，应设法纠正。玉米适口性好，鸽子都爱吃。鸽子吃玉米，如同南方人吃米饭、北方人吃馒头那样，都比较喜爱。但对豆类、小麦、高粱、稻谷等，有的就要挑挑拣拣。如果你混合投放，它们会专挑那些爱吃的，而把不爱吃的用嘴甩到外面，搞得满地狼藉。所以最好是分别投放，且先喂食那些它们不太爱吃的饲料，这样可以逐步改变它们偏食的坏习惯。

养鸽者要随时注意培养与鸽子的亲和关系，而喂食正是训练亲和力的好机会。当你拿着食罐进棚时，要摇动食罐发出"沙沙沙"的响声，再吹一声哨子或口哨，发出请它们用餐的讯号。然后尽量靠近鸽子将饲料慢慢倒入食槽，它们便会蜂拥前来争食。此时你用手将某一鸽子轻轻推开，它会使劲地上前争食，然后再换一羽鸽子，如法炮制。最好趁它们饥饿难忍之时抓几粒花生米在摊开的手掌心上，逗它们前来啄食。这种亲和训练会增强鸽子的恋巢欲，对日后竞赛会带来意想不到的效果。有人担心与人亲和的鸽子容易被人诱抓，这是多余的。鸽子只对它的主人亲和，对陌生人始终怀有戒备。

(2)给水 水是所有生物赖以生存的物质，也是生物体组成中的最主要成分。一羽鸽子如果体内失水10%，就会导致严重的代谢紊乱；失水20%以上即可引起死亡。鸽子偶尔吃不到食物还可以分解体内贮存的物质来维持生命，如果没有水就支持不了，故有"宁缺三天

粮,不断一日水"之说。

喂水用自来水即可。自来水经过消毒处理,含菌率不会超过食用标准,因而是比较卫生的。有的地区的自来水氯气过重,水质硬,适口性稍差,但对鸽子不会造成伤害。软质的雨水(俗称天落水)虽然对鸽子具有吸引力,但雨水并不是每天可以取得的,所以不必过于强求。

传统的喂水方法是把水壶常置于鸽舍中,任其饮用。这种做法难以保证饮水的清洁卫生,若鸽粪落入,水质变坏在所难免。目前不少鸽友已作了改进,即给水与喂食同时进行,每天2次,每次1小时。现代的新法一天要换2次水,以保持水质不受污染。鸽子喝水就像牛喝水一样,嘴伸在水中边喝边吞,有时还将含在嘴里的水吞进吐出好几回,如果这羽鸽子携带毛滴虫的话,那一壶水就污染了毛滴虫,一天时间就能使毛滴虫大量繁殖。一天换2次水,就能保持饮水清洁。

冬天,特别是高寒地区,水壶结冰,或水温过低,不宜给鸽饮用。石家庄鸽友刘铸用温水溶解冰凌喂鸽,鸽子特别喜爱,食欲也增加了。比利时鸽友宙司·同内的鸽舍,喂鸽的水壶有加热器,寒冬饮水就不发愁了。

此外,每周最好能喂鸽子1~3次青菜等绿色饲料,这样既解渴,也饱腹。喂给绿色饲料不仅能保证鸽子生长必需的维生素,而且还能锻炼它们在竞翔放飞途中主动觅食的本领。吃惯绿色饲料的鸽子,如果在春末夏初长途竞翔,青菜、青草就能成为它们的天然食粮。而平时从不吃绿色饲料的鸽子,此时只好空腹飞翔,单凭消耗体内存贮的能量是很难飞出好成绩来的。饲喂前,最好将绿色

百 灵 台

饮水壶放在"百灵台"可以防止灰尘落入饮水中,这只水壶是圆顶,鸽子最喜欢蹲在上面拉屎,致使踏板上鸽粪狼藉

植物在清水里浸泡过,特别在夏季,由于虫害较多,绿色作物一般都洒过农药,如能稍许用盐水浸渍一下,鸽子就更爱吃。有些鸽友把整棵青菜竖着饲喂,这是一种模拟训练,有利于超长程比赛中的"落野觅食"。

3. 沐浴

《鸽经》讲到沐浴时规定:"春秋日一次,夏日二次,隆冬严寒也不可废。浴气须佳,态方毕露,如征雁衔芳,继如野鸥映水,终如风度芙蓉,娇鸽不胜,观鸽之妙,止于此矣。"这条经验在今天仍有实用价值。沐浴时间以中午为好,早晨也可以,但阴雨天要停止,"浴气须佳"是指沐浴时的水温和气温一定要好。阴雨天沐浴鸽子羽毛不易干燥,可顺延到下一天。浴水中须投放稍许盐或微量高锰酸钾,但两者不能混合投放,也不要过量。适量投放有利于杀菌,对除灭体外寄生虫也有效;过量则会损坏羽质。沐浴也是观察鸽子的好机会,一些胆大的鸽子总是一跃而入,而那些胆怯者要等到浴盆中鸽满为患时才敢入水一试。羽质优良的鸽子,出浴后不留水迹;羽质低劣者,就像"落汤鸡"似的。见水畏者,很可

沐 浴

此时是观察鸽子性格的好时机,胆大的一冲而下,义无反顾,胆小的喜水又怕水,畏畏缩缩

半空架浴

浴盆架在半空中给鸽子洗澡,不使鸽舍内地板潮湿,或鸽子浴后在地上打滚,弄脏羽毛

能病魔已缠身,至少是体质不佳。

　　沐浴除水浴外,还有日光浴和沙浴。日光浴无需照料,让鸽子去找一个阳光直射的位置,伏地展翅,悠然自得地享受一番。特别是在水浴之后,接受阳光照晒更是妙不可言。沙浴在我国尚无此习惯,国外有些鸽主却如同水浴一样重视。方法是做一只长50厘米、高10厘米的正方形木箱,沙子放到八成满,置于阳光下,鸽子匍匐其中,便会使劲抖动全身,显示出一种异常舒适、惬意的神态。沙子不需更换,但必须经常曝晒。

六、赛鸽的主食与副食

众所周知,地球上有生命的动物,都需要从食物中吸收足够的能量和营养物质来维持它生长发育,鸽子自然也不例外。2009年在济南举办的全运会,运动员每天的主、副食品的花式有80种,是常人的10倍左右。但是,作为"特殊运动员"的信鸽,既不同于其他动物,也有别于观赏鸽、肉用鸽。那么,选择怎样的饲料、确定怎样的配方,才能满足它们在哺雏、换羽、训练、竞翔的营养需要呢?

我们将从以下程序来讨论这个问题:首先谈谈信鸽需要哪些营养成分,然后说明这些营养成分可从哪几类食物中获得,最后提供若干参考配方。

1. 能量饲料

所谓能量饲料,是指在干物质中粗纤维的含量低于18%、粗蛋白质含量低于20%的饲料。它的主要功能是产生热能,也能转化成脂肪沉积于体内,作为能量贮存。信鸽体内能量的70%~90%来源于碳水化合物(又称糖类)。碳水化合物饲料主要有玉米、糙米、小麦、稻谷、高粱等。

(1) 玉米　玉米含碳水化合物70.97%,是制造葡萄糖的主要原料,其能量浓度在谷类饲料中名列榜首。对于参加剧烈训练或竞赛的信鸽,玉米是其重要的能量来源。玉米还含有10%的蛋白质和4%的脂肪,适口性好,信鸽很爱吃,是饲料中的主食。玉米的品种很多,其中以黄色玉米为佳。黄色玉米籽实中还含有维生素A(即核黄素),对信鸽的黄色眼砂和黄色蛋黄是有益处的。玉米与其他谷实类饲料相似,粗蛋白质含量较少,缺乏赖氨酸、蛋氨酸与色氨酸。新玉米水分较高,不易保管,不宜多买,发霉玉米内含黄曲霉素,鸽子吃了会中毒。陈玉米经烘干进仓保管,水分较低,但要防止杀虫剂,采购时可以闻一下,没有农药味即可。

(2) 稻谷　糙米的成分大部分是碳

赛鸽丛书  AIGE CONGSHU

养鸽新法（第2版）

玉米	 豌豆	 花生米
 荞麦	 大麦	 燕麦
 稻谷	 糙米	 红高粱
 小油葵	 红花籽	 菜籽

鸽子的主要饲料

水化合物,但胚乳里还含有丰富的B族维生素,营养价值很高。信鸽缺乏B族维生素会患脚气病,大多是由于没有配给适量的糙米饲料所致。但糙米粒子太小,信鸽总是先吃颗粒较大的玉米等食物,所以喂饲时要做些诱导。一般在主食中掺入15%~20%的糙米比较适当,信鸽参赛前后或育雏期间都需按此比例喂给,夏季则略可减少些。

稻谷的外壳俗称砻糠,易于储存保管。稻谷外壳很硬,粗纤维含量高达9.9%,信鸽食后嗉囊有饱感,并可促进粪便成形,这是稻谷优于糙米之处。但稻谷表层毛糙,适口性差,又较难消化,在种鸽呕雏期不宜多吃,否则可能擦破食道,雏鸽吃了更不易消化。至于白米,因在碾米时被剥去了种皮、糊粉层、胚乳等物质,损失了大量B族维生素,长期饲喂容易患脚气病,一般不宜作为饲料。

（3）麦类　小麦和大麦碳水化合物的含量高达96%,蛋白质仅2.5%,脂肪1.5%。麦类饲料容易消化,对信鸽训练和竞翔效果较好,但对育雏的种鸽和幼鸽不合适。吃多了容易拉稀,臭气四溢,污染鸽舍空气。一般在饲料配比中以不超过20%为宜。大麦的皮层也是粗纤

拌　料　机

工业用国产六角甩筒拌料机(左),家用拌料机(右)

维,而且有芒刺,它同小麦相比优劣立见,类似稻谷与糙米。欧洲鸽友较多用大麦,一般都占饲料的50%左右,多时到70%～80%。我国鸽友以为欧洲喂鸽不用稻谷,一定是大麦比稻谷好,其实欧洲人爱吃面包,不种稻谷。其实用稻谷喂鸽子比小麦好,也可以替代大麦。

(4)高粱 盛产于我国北方地区,含丰富的碳水化合物。有红高粱和白高粱两种,鸽友们习惯于冬天喂红高粱,夏天喂白高粱,实际两种高粱区别不大。高粱与玉米比较,多数信鸽偏爱后者。北方地区信鸽一般都有进食高粱的习惯;长江流域一带,若有养鸽者想以高粱作为饲料,则必须在雏鸽时期开始喂,以养成习惯。质地好的高粱,粒子大而圆,红褐色;粒小且品质较差的,尽可能不用。如果把高粱与小麦合并一起饲喂,效果会更好。高粱颗粒小,容易消化,是嗉囊炎患鸽恢复期的主食。高粱脂肪含量低,作为鸽子换羽初期的主食,有助于迅速换羽。

各类能量饲料的营养成分见下表。

能量饲料营养成分

品名	水分(%)	粗纤维(%)	蛋白质(%)	脂肪(%)	碳水化合物(%)	钙(%)	磷(%)	灰分(%)
玉米	11.35	2.25	9.55	4.0	70.97			1.89
稻谷	11.96	10.77	9.34	1.36	60.45			6.12
糙米	14.05	1.1	7.45	1.45	74.85	0.03	0.18	1.1
小麦	12.2	1.8	11.1	2.0	71.0	0.05	0.79	1.9
大麦	11.4	5.2	11.3	2.0	66.9	0.23	0.24	3.2
高粱	10.0	5.5	9.7	3.3	68.6	0.06	0.12	2.9
小米	11.1	4.9	9.7	1.9	67.6		0.33	4.9
燕麦	12.03	10.41	11.9	3.54	58.27			3.85

2. 蛋白质饲料

所谓蛋白质饲料，是指在干物质中粗纤维含量低于18%、蛋白质含量高于20%的饲料。蛋白质是构成鸽体的主要成分之一，鸽子的肌肉、内脏、皮肤、血液、羽毛等均以蛋白质为主体。蛋白质饲料分植物性、动物性两类。植物性的有豌豆、黄豆、蚕豆、绿豆、赤豆等。豆类因含有一些不良物质，最好经过热处理（110℃加热3分钟）后使用。动物性的有骨粉、血粉、鱼粉、羽毛粉。还有一种啤酒酵母粉，蛋白质含量高达50%左右，是较好的添加物质。信鸽喜爱植物性蛋白质饲料，作为主食每天必吃；而动物性蛋白质饲料仅作为饲料添加剂，制成配合饲料才肯吃。

（1）豌豆　豌豆的种类很多，有白豌豆、绿豌豆和褐色豌豆，还有一种颗粒略小的野豌豆。各种豌豆的营养成分大同小异，喂用时以褐色豌豆为主，各种豌豆均应有一些，达到营养全面的目的。豌豆的营养成分，蛋白质20%，碳水化合物55%，脂肪2%。豌豆对增进食欲很有效，给信鸽多吃点豌豆有百利而无一害，尤其是在亲鸽呕雏期和赛鸽参加竞翔前。但豌豆价格为玉米的两倍，一般掺入20%即可。豌豆以小颗粒为好。野豌豆的粒子比豌豆小一半，其营养价值不低于豌豆，适宜于喂养刚出棚的幼鸽。

（2）黄豆　营养价值高于豌豆，其蛋白质含量34.3%，碳水化合物26.7%，脂肪17.5%。这是营养相当均衡的好饲料，但信鸽不爱吃，原因是黄豆所含抗胰蛋白酶较其他豆类高，需经加热处理才能改善其适口性。有些著作中说鸽子很喜欢吃黄豆，但从养鸽实践中观察却并非如此。我国东北盛产黄豆，如能培养信鸽进食黄豆，无疑是一好事。

（3）蚕豆　蚕豆的蛋白质含量仅次于黄豆，而高于其他豆类，为26%，脂肪1.2%，碳水化合物的含量达50.9%。比利时一位养鸽者的鸽舍就在牛棚上面，每天喂给信鸽吃的便是奶牛吃的蚕豆，同行们看了他的鸽子无不称赞，他饲养的鸽子常常飞出好成绩。蚕豆颗粒大，信鸽不易吞食，也许因为这个缘故，我国鸽界没有喂蚕豆的习惯。其实只要把蚕豆砸碎，鸽子是喜欢吃的，特别是"两呕两"的信鸽，亲鸽在呕到第10天时，用浸泡过的蚕豆早晚喂两次，每次给雏鸽塞食10粒，既促进雏鸽发育，又可以使亲鸽不会因呕雏而消瘦。英国有一种小粒蚕

豆,比普通蚕虫小一半,近年来国内鸽市上已有小粒蚕豆出售,鸽子也爱吃。

(4)绿豆和赤豆　这两种豆类信鸽虽很喜欢吃,但价格较贵,而营养价值又与其他豆类相仿,故从经济上讲并不合算。但在严冬喂给少量赤豆(也称红豆),在炎热的夏天喂给少量的绿豆,对信鸽的保健是很有益的。

常用豆类的营养成分

品名	水分(%)	粗纤维(%)	蛋白质(%)	脂肪(%)	碳水化合物(%)	钙(%)	磷(%)	灰分(%)
豌豆	13.4	6.0	21.7	1.0	55.7	0.32	0.82	2.2
黄豆	12.0	4.5	34.3	17.5	26.7	0.24	0.34	5.0
蚕豆	13.3	5.8	26.0	1.2	50.9	0.65	0.37	2.8
绿豆	11.8	4.7	23.1	1.1	55.6	0.16	0.4	3.7
赤豆	8.4	4.8	34.6	16.5	31.1	0.24	0.45	4.6

3. 脂肪类饲料

顾名思义,脂肪类饲料是指含有大量脂肪的饲料。这类饲料不宜做主食,喂之过多会引起腹泻,还会使鸽子肥胖。当你观察到鸽子的腹肌高于龙骨并呈黄色时,说明鸽体脂肪已经过多,亟须加大运动量或停喂脂肪类饲料。一羽肥胖的赛鸽是飞不出好成绩来的。在主食中,少量搭配些脂肪类饲料,能起健胃通便作用,冬天还可以防寒保暖。在换羽后期,这类饲料也不可缺少,它能增强羽毛的光泽。对一些瘦弱的信鸽,可以起到增肥的作用,以及促进性欲。常用的脂肪饲料有芝麻、花生仁、麻仁、菜籽、葵花子等。

(1)芝麻　芝麻的脂肪含量很高,在一般训练时饲喂最多不能超过10%。在剧烈训飞(即大运动量训练)时或参赛前一段时间,可以适当增加一些。在赛鸽参加远程、超远程比赛归巢后一段时间,也可按上述比例喂给。在寒冬季节,特别是在我国北方地区,要保证呕好雏鸽,也需增加脂肪类饲料,比例可参照剧烈训飞。在一般情况下,还是少给为好,特别是在夏季不宜多喂,可减少到2%～5%。在信鸽开始换羽时,最好暂停喂给,至旧羽完全脱落后再补喂,以促进新羽毛的生长。

(2) 菜籽 这里指油菜籽,脂肪含量达43.7%。菜籽同芝麻一样,喂量不宜过多,一般在混合饲料中掺入10%～15%足已。信鸽食用菜籽与黑芝麻有同样功效,会增加羽毛的光泽,但菜籽价格只有黑芝麻的四分之一。

(3) 花生仁 花生仁脂肪含量高达46.6%,饲喂时的配比与芝麻、菜籽大致相同。因花生仁颗粒大,鸽子总是啄啄放放,但只要形成习惯,也会争着吃的。花生仁是训练鸽子亲和性的最好食物,你抓一把花生仁放在手心里,鸽儿们就围上来向你讨来吃,有的会飞到你手臂上来,讨花生仁吃。

(4) 葵花子 含脂肪21%,碳水化合物高达52.3%。葵花子有一层厚实的硬壳包着,含纤维也高。信鸽食用葵花子既有同食用芝麻、菜籽相似的作用,又可避免腹泻,还有利于粪便成形。缺点是消化较困难,适口性差,颗粒太大,又不能捣碎喂,所以要选择小粒的葵花子。

(5) 麻仁 又称"火麻仁"。所含脂肪在同类饲料中堪称第一,高达50%,饲喂比例应低于上述各种脂肪饲料。麻仁还有促进信鸽发情的作用。许多经验证明,如有大龄信鸽性欲不旺,屡屡配不上

标准饲料
常用饲料,可根据训练、比赛、育雏等不同需要添加其他原料

营养饲料
种鸽配对前10～14天喂食,孵蛋期只喂下午,上午喂清除饲料,雏鸽出壳前3天可全天喂食

清除饲料
幼鸽、成鸽换羽期喂食的饲料,可促使换毛迅速。平时可搭配其他饲料饲喂

赛鸽丛书  AIGE CONGSHU

幼鸽饲料

根据幼鸽发育的需要配制,含高蛋白质及适量的碳水化合物,不加玉米

小籽饲料

在幼鸽换羽期搭配其他饲料饲喂。嗉囊炎、消化不良的鸽子也可饲喂

赛季饲料

根据赛鸽训练、比赛剧烈运动的需要,增加玉米的含量,促使赛鸽超常发挥

对,服用麻仁后效果很好,但不宜过多。

(6)红花籽 混合饲料中不可或缺的一种,白色,表皮光洁,鸽子很爱吃,但不可多吃,饲料中占20%左右即可。

碳水化合物、蛋白质和脂肪这3种饲料对鸽子的作用,台湾鸽友林云达曾经作过一个形象化的比喻:"碳水化合物好比是现钞,拿来就可以买东西用;蛋白质好比支票,你要到银行里兑现以后才能到超市去交换;脂肪饲料是期票,到期后才能兑现。"鸽子在训练时,体能大量支出,需要碳水化合物。超远程赛鸽要多摄入脂肪饲料,在回归路上找不到饲料

时转化为碳水化合物。

4. 全价配合饲料

信鸽全价配合颗粒饲料简称信鸽颗粒料。是指按信鸽饲养标准将不同的能量饲料、蛋白质饲料及矿物质、维生素、微量元素和一定的添加剂、黏合剂粉碎均匀混合在一起,由专用机械压制切割而成,具有一定形状、硬度的饲料。

信鸽颗粒料按信鸽不同生长阶段的营养需要,可制成具有不同营养成分的饲料,即分为哺乳鸽饲料、青年鸽饲料、一般成年鸽饲料、产蛋鸽及放飞选手鸽

饲料。其颗粒随不同的生长阶段而有所不同。试验证明,信鸽颗粒饲料具有以下优点:

(1)营养成分全,营养价值高。

(2)提高饲料利用率,增强信鸽体质。具体表现如下:

①可以提高信鸽的飞翔能力。试验证明,给信鸽饲喂一段时间颗粒料后,信鸽精神状态良好,抓在手里手感极佳,鸽子挣脱力强。信鸽自觉飞翔时间一般可比喂日粮增加10～30分钟。

②可以提高信鸽的抗病能力。在试验期间,信鸽的死亡率为零,各种季节性疾病的发病率降低,有几羽受枪伤的信鸽用颗粒料喂养,其伤口愈合速度比以前同样的病例要快。

③用颗粒料喂哺乳鸽,具有生长快、体质好、羽条宽、羽毛紧、下窝早的特点。在整个试验期内(含夏季),幼鸽成活率为百分之百,无一僵鸽。换第一次羽毛的时间普遍提前,有利于放飞。

④可以促进信鸽羽毛的生长。笔者曾做过一个对比试验:用能量、蛋白质水平相同的颗粒饲料和日粮饲喂信鸽(日粮组附有"盐土箱"),试验结果经显著性检验——t检验,结果表明,饲喂颗粒料的信鸽初级飞羽长度、宽度均明显优于饲喂日粮的信鸽。在相同品系、相同的饲养条件下,颗粒料可使信鸽的翅膀长得长而宽,且有力,这对竞翔无疑是十分有利的。

(3)防止信鸽挑食,使用方便。在日常饲养管理过程中,常常发现有些信鸽专挑适口性好的玉米吃。长此以往,会造成鸽体摄取营养成分不平衡,导致体质下降甚至患病,而颗粒料不存在信鸽挑食的问题,对全面摄取营养十分有利。由于颗粒料中已经按鸽子的饲养标准,科学地添加了一定量的矿物质、微量元素和维生素,也就避免了有些鸽友在自制盐土时苦于不能准确掌握各种原料配比带来的麻烦。

(4)安全卫生,且有防病作用。颗粒料在生产过程中已经过高温、高压处理,原料中的细菌及病毒已被杀灭,成品经打包直接送到销售点,避免了流通过程中可能发生的污染。另外,由于颗粒料中还添加了一定剂量的抗生素(如广谱的土霉素),所以还可以起到防病和降低鸽群的发病率的作用。

(5)成本低。如日粮中的豆类饲料在颗粒料中可用豆粕替代,脂肪饲料可

用菜籽饼替代等。

信鸽全价配合颗粒饲料与日粮相比,优点是明显的。但目前生产过程中还存在许多问题。首先,生产这种颗粒料的厂家很多,但良莠并存,有的厂家配方不科学,信鸽食用后会出现拉稀、发胖等现象;有的厂家工艺没有过关,成品质量不合格,碎粒率增加,水分过高,不易保管。其次,现在生产的颗粒料价格普遍较高。

过去许多鸽友用颗粒饲料喂鸽子有不少误区,以为我国培育的信鸽大多应用于超长程赛事,不同于欧美等国家的中短距离竞翔,信鸽不可能在一日之内归巢,如果长期喂给颗粒料,势必会减弱信鸽落野选食的能力,而且颗粒料易于消化,长期食用在一定程度上造成消化器官的退化,影响在超长程赛中落野寻食后的消化吸收功能。目前盛行中短赛程比赛,奖金高,谁也不愿去冒险。公棚老板也不敢用,万一养不好鸽子会招来是非。再说目前货流供应也不正常,有时还买不到,而买原粮方便,送货上门。推广使用颗粒饲料,是科学养鸽的一个主要内容,又可取得花钱少、收效大的效果,这对我国信鸽竞翔成绩的提高将会起到极大的促进作用。

颗粒饲料配方

饲料名称	配比(%)
玉米	36
粞(碎米)	2
麸皮	4
次粉	5
豆饼	15
磷酸氢钙	2
菜籽饼	2
羽毛粉	15
赖氨酸	0.1
石粉	1
高粱	20
盐	0.15
小麦	10
石膏	0.35

5. 矿物质饲料

矿物质饲料属添加剂饲料,含有信鸽所必需的矿物质元素,用以补充日粮中矿物质的不足。矿物质饲料有两类,一类是工业合成的矿物质饲料,如硫酸铜、硫酸亚铁等;另一类是天然单一的矿物质饲料,如石粉、贝壳粉、骨粉、鱼粉、蛋壳粉、血粉、木炭、红土等。

(1)工业合成矿物质 在日粮中添加的数量很少,每100千克饲料为1~9

毫克,添加时必须混合均匀。不然,在配合日粮中,某一部分元素含量过多,就会引起信鸽中毒;而另一部分元素含量过少,又会导致微量元素缺乏症。鸽市上有专供信鸽食用的含微量元素的矿物质制剂,品种很多,有粉状、砖块状和颗粒状。有些鸽友在饮水中放进一枚生锈的铁钉让信鸽饮用,虽也能起到一定作用,但无法控制剂量,此法宜谨慎。

(2) 天然单一矿物质　主要成分是钙质。原先养鸽者都给鸽子吃陈石灰,鸽子也特别爱吃。现在都用单飞粉、碳酸钙。钙的功用是长骨骼、长羽毛。呕过7天的鸽子,亲鸽不呕鸽乳,从呕食糜逐步到呕原粮,此时的雏鸽正在长骨骼、长羽毛,是最需要补钙的时期。许多鸽友此时给鸽子塞食钙片,同时塞入鱼肝油,帮助雏鸽吸收钙。也可以在保健土中加点磷酸氢钙,更有利于雏鸽长骨骼、长羽毛。值得提醒的是,凡事都有一个度。鸽子摄入钙质不足不利于幼鸽发育,成鸽也会产薄壳蛋;如果摄入过量,母鸽会产厚壳蛋,胎鸽不易破壳而死亡,幼鸽断奶后上房家飞时,骨骼和翼羽坚韧度不够,甚至很脆弱,第8、9、10根大羽一折就断。所以,正确掌握剂量是很重要的。

6. 保健土

既有工业合成矿物质又有天然单一矿物质,还有其他有益于鸽子健康的多种添加剂。鸽子没有牙齿,如没有砂砾等帮助粉碎,好多营养物质未消化就从粪便中排泄出去了。再如,木炭粒,它是一种多孔性物质,也是极好的吸附剂,每千克活性炭的吸附面积,相当于8个网球场那么大。它的主要作用是帮助肠胃道排毒解毒。鸽子体内新陈代谢的有害物质一般都靠肝、肾的解毒作用加以排除,木炭协助排除体内大量毒素,就减少了肝、肾的负担。木炭还可以吸收水分,帮助粪便硬化。

现在市场上供应的保健土有很多品牌,但都没有标明保健土所含的成分,有的是漂亮的名称:"天然骨粉"、"珍珠贝壳",其实就是肉骨头和蚌壳、螺蛳壳。鸽友们在使用保健土时需要注意的是:①天天要换新鲜的,虽说保健土中的东西都是无机物,不易发霉,但长时间不换也会变质。②常用的鸽药中,四环素与保健土中的磷和钙有拮抗作用,不能同时并用。③不要在保健土中添加维生素

或其他有机物质,如要加自制的骨粉、蛋壳粉等,必须严格消毒。

鸽友们对保健土也没有特殊的要求,只要鸽子爱吃就是好货。有些厂商投其所好,增加盐的用量,鸽子爱吃,但这是有害的,轻则鸽子口渴,多饮水,重则引起腹泻。有些鸽子喜欢挑颜色红的吃,因为红色即含铁多,不过有些厂家会用色素,应认真鉴定。

常用保健土配方

成分	含量
红土(深层土)	30%
粗矿砂	20%
白啄石	15%
陈石灰	12%
沸石粉(单飞粉)	8%
贝壳粒	10%
碳素(木炭)	2%
矿盐(食盐)	2%
磷酸氢钙	1%
微量元素	0.2%
硫酸亚铁	0.35g
硫酸铜	0.2g
硫酸钴	0.1g
锰	0.55g
碘	0.35g
硫酸锌	0.2g
镁	0.1g
硒	0.1mg

注:微量元素兽药店有售,各类元素的含量配比齐全。

7. 维生素饲料

维生素是鸽体新陈代谢所不可缺少的营养物质,它存在于各类饲料中。鸽体自身也会合成某些维生素。维生素的添加必须适量,缺少或过多都不利于鸽子健康生长。维生素饲料可分两类:一类是工业合成的单一维生素,如维生素A胶囊、维生素D_3胶囊、维生素B_1、维生素B_2等;另一类是复合维生素,即多维素等。常用的维生素有维生素A、维生素B_1、维生素B_2、维生素B_{12}、维生素C、维生素D、维生素E、维生素K和酵母粉等。另外,一些绿色饲料,如青菜、卷心菜、豌豆苗、胡萝卜,以及发芽的稻谷、小麦等都含有多种维生素。

最好的办法是用复合维生素,即将多种维生素按一定的比例配合而成。喂饲方法有两种:一种是溶在饮水中,缺点是会沉淀,而鸽子吃不匀,饮量不到位;另一种是混在饲料中,即先在饲料上喷点水,再拌入多种维生素,使每羽鸽子都能吃到。

七、赛季的10种常发病防治

对于鸽病的防治，人们的理念与过去大相径庭。过去尽管缺医少药，但养鸽者都是尽力去救治每一只病鸽。有用人用药物，也有到兽医站买禽用药物，无锡一位前辈自己用中药研制出一种专治鸽子拉痢的药物，成为鸽界著名"鸽郎中"。他们这样做，或是为了挽救一羽好的品系鸽，或是保护一只为他带来荣誉的好赛鸽，许多鸽友还怀着大慈大悲的菩萨心肠去救治一条小生命。这些鸽友是不吃鸽子的，即使是著名的"唐宫烤乳鸽"也不贪嘴。对比之下，时下养鸽者的理念较为现实，他们只有一个观念："你不能为我拿奖金，我干吗为你治病，就连健康的鸽子也不手软。""要学会养鸽子，先要学会吃鸽"，这是他们的经验之谈。"一手拿尺子，一手拿刀子"，凡不合标准的鸽子，"斩立决"。李梅龄前辈不是也说过，"长脚、长头颈的，烹而食之"吗？

对于鸽病医治不可一概而论。鸽子有优劣，鸽病有轻重缓急，千鸽一律，必然会误斩良将，鸽子会给你吃后悔药。该医的医，该弃的弃，才是养鸽之道。过去看到的鸽病防治著作，都是从原虫病到细菌病、病毒病，再从各种外伤到中毒病、维生素缺乏症，洋洋洒洒，十几大类鸽药也全部写上了。其实经常用到的就是几种多发病，常见病。为此，根据实际需要，编写赛季的10种常发病防治，这对于处在快节奏时代的鸽人省点阅读时间没有坏处。

1. 秋训伊始发生的腺病毒

"五十归来一地水，关子头上敲潮烟"。这是浙江鸽友面对腺病毒的一句感叹语。每当秋季幼鸽赛临近，训练开始的紧要关头，选手鸽50千米归来感染了腺病毒，呕吐、拉稀、厌食、贪喝，弄得饲主们手忙脚乱。腺病毒为什么一定在第一次笼训时发生？因为许多幼鸽都是出生后首次入笼，这种应激反应致使幼鸽的免疫功能大大降低。一笼三四十

羽,而且是许多鸽友的鸽子混在一起,只要其中有一羽鸽子是腺病毒携带者,通过空气或肢体接触,就会感染其他鸽子。所以美国和加拿大的鸽友把腺病毒称之"幼鸽病"。

目前,有些鸽友"谈腺色变",对腺病毒的危害性过于夸大。如果是单纯的腺病毒,没有其他并发症,患鸽基本上不会致命,因患腺病毒死亡的只是极少数。腺病毒有11种血清型,但只有11型腺病毒专攻肝脏,容易导致死亡。目前腺病毒还没有疫苗,要预防腺病毒感染,只有提高鸽子的免疫功能。第一,要把幼鸽的身体养好,增强它的抵抗力,使它免遭腺病毒的感染。这是很管用的。有人做过这样的试验,把一只体弱的鸽子、一只强健的鸽子、一只腺病毒患鸽关养在一只笼子里,那只体弱的鸽子很快就感染上了,而那只强健的鸽子健康如初。第二,自己先搞几次服笼训练,特别是第一次挤笼最好是自己训。幼鸽初出茅庐,心惊胆战,必然引起应激反应,使之免疫力降低,最容易感染包括腺病毒在内的各种疾病。自己搞第一次挤笼,虽然幼鸽也会引起应激反应,但笼里都是自家的鸽子,没有病鸽,没有传染源,不会感染疾病。经过一两次挤笼训练以后,幼鸽基本上服笼了,再次挤笼,幼鸽心理放松许多,应激反应必然减轻,免疫功能也不会骤然下降。第三,上笼之前禁食。"涨归"是因为"涨去"(吃涨了去),"饿去"必定会"饿归"。如果公训是晚上集鸽,晚上就不喂食。初期训放都在30~50千米,早晨开笼,空腹飞归是没有问题的,上笼前吃得涨涨的,幼鸽入笼心惊胆战,消化功能紊乱,免疫力也下降。

一旦感染了腺病毒能不能医治?单纯的腺病毒是没法医治的。因为没有办法确诊,即使有高级兽医师,有先进设备的鸽医院,也很难诊断有11种血清型的腺病毒。嗉囊炎可能是腺病毒并发症,也可能是单纯的嗉囊炎,这也是没有办法区别的。因为幼鸽的应激反应,可能感染嗉囊炎、大肠杆菌病、沙门氏菌病和腺病毒。如果感染了腺病毒,那么它必然会并发嗉囊炎、大肠杆菌病和沙门氏菌病等疾病。这类疾病的症状都是拉稀、呕吐、厌食、贪喝等。因为单纯的腺病毒基本不会死鸽子,所以鸽友们应该先治嗉囊炎和大肠杆菌病,这些病不治好,轻则不能参加幼鸽赛,重则会致命,特别对一些体弱的幼鸽。

治疗这类鸽病也有一个确诊问题,诊断有误,没有对症下药是很难奏效的。时下都是单家独户养鸽子,对鸽病诊断都是根据各人的经验,或是在鸽市上、茶坊里道听途说,人云亦云,误诊是难免的。笔者请教过兽医师,其实秋季幼鸽赛中发现的拉稀、呕吐极少是因腺病毒引起的,而大多数是嗉囊炎、大肠杆菌和沙门氏菌等的原发病症。

2. 救治嗉囊炎是当务之急

通常讲的嗉囊炎有软嗉囊、硬嗉囊和急性、慢性等多种。一般是过了独立期的青年鸽,因为嗉囊受到细菌感染而引发的病症。原因有误食发霉变质的饲料、不易消化的羽毛,或误食锈铁丝刺破了嗉囊等。幼鸽在秋训秋赛归巢时所发生的嗉囊炎,发病的原因有两类:一类是幼鸽初次挤笼产生的应激反应,加以笼子、车厢环境闷热,影响到幼鸽的消化功能,致使饲料滞留在嗉囊里发酵、发酸、发臭,欧洲人称"酸腐嗉囊炎",日本人称为"嗉囊滞留症"。另一类是腺病毒并发的嗉囊炎。因为腺病毒时下很难确诊,所以哪一类嗉囊炎是腺病毒的并发症也是无法确诊的。但一般的说,腺病毒1型

嗉囊缝针

感染则以消化道症状居多,也就是急性嗉囊炎。

鸽友们在治疗嗉囊炎方面积累了丰富的经验,大多是行之有效的。基本方法是"饿肚皮",也就是禁食疗法。看到归巢鸽发生呕吐、拉稀,捉住了摸嗉囊,嗉囊积食较多,硬邦邦的,就隔离饲养,饿食一天,等消化完了再进食。如没有消化,用矿泉水灌入嗉囊,用手指按摩嗉囊内的积食,捏散嗉囊内已发酵的食糜,使之软化成糊状,然后倒提鸽子,鸽头向下,手掌压迫嗉囊将积食全部挤出。嗉囊积食排除以后,以2%硼酸水或苏打水用针筒注入嗉囊反复冲洗,并停水、禁食24小时。第2天早晨,喂以容易消化的

食物,如用开水泡软的面包、糙米等小颗粒饲料,再加2粒育雏宝,增加营养,并控食1周。群体治疗或预防可用嗉囊清,按说明书服用,功效立显。但感染治愈后的鸽子会产生自然抗体,在这一个赛季中不用提心吊胆了。如嗉囊里的食糜捏不散,倒不出,就用手术治疗。先在嗉囊外部拔掉一撮羽毛,用酒精在皮肤上消毒,再用手术刀把嗉囊切一个2厘米大的口子,轻轻把食糜挖出来,挖空以后,清洗嗉囊,缝针,先缝里层,再缝外层。术后禁食24小时以后喂以易消化食物,也可加营养片。有些软嗉囊鸽子,只要把发酵食糜倒空以后清洗嗉囊就可以了。

3. 大肠杆菌使幼鸽临赛拉稀

伴随腺病毒而来的,除嗉囊炎外,还有大肠杆菌病(亦称"肠炎"),特征就是拉水便、腹泻,严重时会排出水样性的黏液,甚至有排血便的现象。50千米训放归巢,早晨查棚发现一地水,一看鸽子都无精打采,食欲不振。单纯的水便,如幼鸽上笼产生应激,就会引起水便,在排除了应激因素以后水便就不治而愈了。复杂的水便,如病毒、细菌感染引发的并发症,只有病原受到控制,水便的症状才会好转。任何鸽病只要对症下药,方可药到病除,而水便、下痢这类病原因很多,确诊有一定难度。例如,每逢赛季来临,都会碰到急性嗉囊炎并发水便,集鸽上笼时鸽子都很正常,训赛归巢时,水便突然发生。急性嗉囊炎引起的水便、下痢,治疗期需要长一些。

肠道菌群健全者,饲料的消化便会有效进行,以增强自身天然防御功能,有效阻止外来细菌和病毒的侵袭。肠道菌群中的细菌有两类:一类是有益菌,一类是有害菌,有益菌的功效就在于抑制有害菌,预防下痢、消化不良,并增强机体抵抗力。一旦这两类细菌的平衡受到破坏,抵抗力也随之降低,就会水便、下痢,无法保持健康。当鸽子的抵抗力开始下降时,就必须补充足够的有益菌,制造新的平衡,重建新的自体防御功能,去对抗外来细菌和病毒的入侵。

有益菌和有害菌寄生在肠道内,就像一块跷跷板,此高彼低,此低彼高,平衡是暂时的。要使鸽子健康,应不断地增强有益菌,抑制有害菌。基本的方法就是给鸽子喂活菌一类的药物,这类商品鸽市上有很多。有些鸽友买人用的昂立一号和盐水瓶给鸽子喝,功效是一样

的。抑制有害菌的方法是经常给鸽子喝点醋,"不差钱"的鸽友去买柠檬酸、苹果醋也可以。有些鸽友认为"醋是杀菌的",其实给鸽子喝醋倒不是为了去杀有害菌,它的功用是在寄生有害菌的肠道内营造一个弱酸环境,这对有害菌的生长起抑制作用。大肠杆菌引起的细菌性腹泻,可服用克泻宝,每日1~2粒,5天一疗程。群体治疗服用泻必停。

4. 秋夜贼风吹来单眼伤风

"养兵千日,用兵一时"。秋季幼鸽赛正是鸽友们用兵之时,深秋之夜,寒气袭人,早晨开棚,发现有些鸽子单只眼睛肿得像剥了皮的樱桃,泪水盈眶,眼屎模糊,大赛在即,如何处置,鸽主心急如焚。

单眼伤风(亦称"鸟疫"和"饲鸟病")是由披衣菌引起的。披衣菌比细菌小,比病毒大,介于两者之间。单眼伤风可用抗生素治疗。

披衣菌的致病性很强,寄生在鸽子体内的细胞里,从体内进行破坏。表面上看起来健康的鸽子,可能是披衣菌的隐形带菌者,不但可以使鸽子生病,还可以使鸽主生病。披衣菌攻击的对象是眼睛与呼吸系统,也会伤害其他器官。幼鸽受害比成鸽严重,死亡率高达70%~80%。致病原因是气温突变,鸽棚内外及昼夜的温差过大,特别是对流的贼风。一夜贼风吹来了单眼伤风。2~4月龄的幼鸽最容易得此病。可由病鸽呼吸道的分泌物、咳嗽和打喷嚏散播,也可能经过粪便或鸽乳传染。

病鸽的第一症状就是用它的爪子狠抓眼睛,只抓一只眼睛。因为只有一只眼睛的结膜受到感染,没有看到两只眼睛同时受到感染的,所以叫"单眼伤风"。开始时眼睛发红,流泪,接着出现呼吸道症状,进而感染到肺脏和气囊,发生呼吸困难,不时发出"咔嘎、咔嘎"的杂音。进入二度感染后,化脓性细菌也接踵而至,这些细菌会使整个眼睛发炎,导致失明。病鸽还会出现食欲不振、拉绿便、体重减轻、身体瘦弱等症状,不久即死。

发现病鸽要立即隔离,且必须全棚治疗,有些鸽棚治疗期长达30天。最有效的药物是四环素衍生物。由于病鸽长期服用抗生素,造成肠道菌群失调,影响消化功能,也对身体造成高度伤害。因此,对鸽子要持续供应B族维生素和维生素K,还应尽可能选用对肠道有益菌伤害

单眼伤风引起的严重结膜炎,流泪,眼周围的羽毛粘在一起

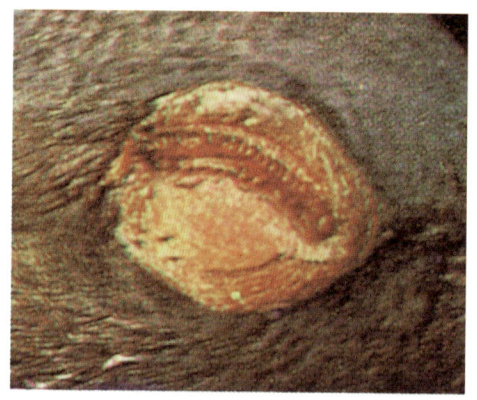
眼睑发炎和肿胀

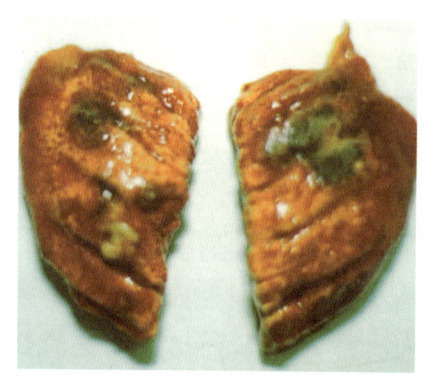
单眼伤风引起的肺部病灶

用眼药水滴眼治疗

最低的去氧化羟四环素。另外,还需给鸽子补充活菌或在鸽子饮水中添加醋,以增强有益菌,抑制有害菌,一方面可以减少四环素等抗生素对肠道的影响,另一方面也可弥补肠道细菌新陈代谢副产物所需要的酸性物质。鸽药用赛神眼药水左右眼各一滴,早晚各一次。中药治疗可用牛黄解毒丸、抗炎灵,每天2次,每次1片,连服3天,以减少病原体扩散。同时,每隔3~4天在饮水中加硫酸镁(每升水中加1药匙),帮助净化鸽群消化系统。幼鸽发病后,除喂药物外,还可适当喂以葡萄糖、蜂蜜或鱼肝油,以增强体质及自身抵抗力。经常在饮水中放入适量砸碎的大蒜头有较好的预防效果。生大蒜头有抗病毒作用,但对眼睛不利,所以不宜给患鸽服用。

5. 呼吸道病是临赛之大敌

鸽谚说"嘴里有痰,有去无来"。说的是在赛鸽上笼之时,如果患上呼吸道疾病,那么能归巢已经大幸了,指望它创造好赛绩是不可能的。赛鸽在振翅飞翔时,要消耗氧气,如果空气中含氧丰富,翅膀扑打频率与嘴巴呼吸频率动作协调,就像游泳和赛跑运动员那样,虽然也很吃力,但可以保持一定速度持续前进。嘴里有痰,呼吸困难,供氧不足,怎能坚持飞翔。即使是一羽超级鸽,它奋力拼搏,飞回老家,也功亏一篑。君不见有些赛鸽飞到了龙门口就止步不进,说明它已严重缺氧,当时晕晕沉沉不知所措,耽误了进门时间,与冠军失之交臂。

嘴里有痰,这痰有两种。一种是健康之痰,另一种是患病之痰。健康之痰是呼吸道中的垃圾,清除出去就行了。鸽子在空中飞翔,吸入很多空气中的杂质,它不会吐痰。鸽子通过吃食、喝水,让痰液涌出,再吞入消化系统,完成排痰动作。因此,要诊断这痰是健康之痰还是患病之痰,要在大清早,鸽子还没吃食、喝水之前检查,才是正确的。

患病之痰也有两种,一种是牵丝的,掰开嘴巴,从上颚到气管孔,牵着一条细细的痰丝,这是慢性的轻症,为毛滴虫的混合感染、感冒、呼吸道发炎的初期症状。另一种是奶黄色或橘黄色的浓痰。在气管口或喉咙深部可挤出较黏的浓痰,这说明鸽子确实患病在身了。

鸽舍昼夜温差大,常会使鸽子的抗病能力降低,呼吸器官会发炎,喉头(空气送进肺部的入口处)变宽和出现红肿,

鸽子的呼吸频率也会加速。如果加上空气潮湿的话,等于鸽子不断吸入水分,即使鸽子不从水壶中喝水,它已经纳入大量水分,所以,潮湿的鸽舍,赛鸽就不会达到巅峰状态,出赛也毫无机会可言。老华普华讲过一个故事:"某君在饮水中加入一些东西,比赛的成绩马上好起来了,考其原因,并不是因为加入的东西奏效,而是鸽子讨厌这种东西的味道而不喝,饮水量减少了,有利于鸽子状态的提高。"

有一次,与台湾鸽友林云达侃鸽经,他说:"呼吸道是速度鸽的生命,一只呼吸道不健康的鸽子,无论如何是飞不快的,要赶紧用药。"呼吸道发炎包括鼻炎、咽喉炎、气管炎和支气管炎等,应以预防为主,不能等到赛鸽失格后再检查。这些都是单纯的呼吸道感染,用喉清宝疗效很好,每日1粒,重症加倍,5天一疗程。如果是鸽痘、毛滴虫引起的呼吸道合并症,就比较复杂些,除服用喉清宝外,还可用抗生素,如用金霉素、庆大霉素注射等。

6. 毛滴虫是速度鸽的杀手

鸽子约有80%会感染毛滴虫,毛滴虫并不因治愈后就终身免疫,它的感染是持续不断的,一批毛滴虫病原体杀死了,过一段时间新一批毛滴虫又来了。一般认为经过药物治疗后的鸽子,可维持1个月。

鸽子体内存有少量毛滴虫病原体没有坏处,它可以增加对毛滴虫病原体的抵抗力,尤其是幼鸽。但是,当毛滴虫病原体繁殖到一定数量以后就会发病。如果正巧碰着比赛期,就会影响赛鸽的临场发挥。毛滴虫病原体的潜伏期为4~14天,通常在7天后发病。参赛鸽感染毛滴虫赛绩立刻下滑,但毛滴虫感染时参赛鸽照常吃,照常飞,比赛归巢时买单的指定鸽名落孙山,鸽主抓起鸽子发现喉咙起白点,口腔有痰丝,才知道毛滴虫是速度鸽的隐形杀手。种鸽在毛滴虫感染下配对,期待它作出优秀的下一代根本不可能。

毛滴虫属单细胞原虫,虫体呈梨状,有4根鞭毛借以运动。主要寄生在鸽子的口腔、喉部、食道及嗉囊内,通过亲鸽呕食、饮水传染。成鸽被感染后当时无症状,常见口腔内黏液较多,遇到应激或其他疾病时,由于抵抗力下降,毛滴虫便会发作。幼鸽最容易感染毛滴虫,常见的有3种类型：

(1) 口腔型　鸽子饮水量增加，食量减退，无精打彩，闭眼，严重时口腔、食道及嗉囊内结干酪状黄色结节，拉绿色大便。出生两星期的雏鸽最易感染，症状严重者可在短期内阻塞气管致死。

(2) 脐型　在巢碗内的雏鸽脐带周围结黄色硬块，脐眼收缩不好，雏鸽发育

病鸽因口腔内感染毛滴虫，致使嘴巴无法闭合

在咽喉处及口腔黏膜上有黄白色硬性干酪物

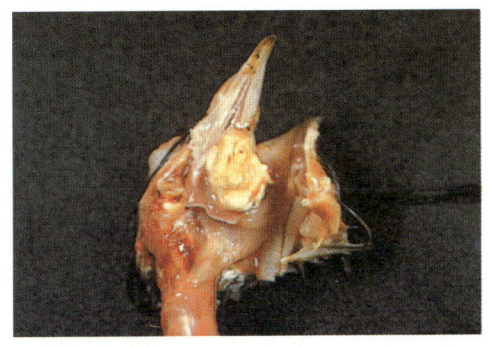

咽喉处黄白色干酪物形成白喉性溃疡灶

鸽乳内含毛滴虫为最重要感染源，幼鸽食道、嗉囊内严重感染毛滴虫

受阻,或发生夭折。

(3)内脏型　由幼鸽脐带感染进入体内,患鸽精神不振,羽毛逆竖,食欲废绝,排绿便,终至死亡。内脏型毛滴虫病死亡率极高,解剖时可见肝脏黄色干酪状坏死,心包膜、气囊处也可见到病灶。

预防本病发生要从饮水着手。饮水壶要备两套,一套使用时另一套洗净后在日光下晒干,不使毛滴虫在水壶壁上生存。每天换水两次,不可懈怠。定期给鸽群饮用抗滴粉,初次服用7天,以后每月服用一次,3~5天一疗程。平时经常检查鸽子口腔,特别是阴雨天,发现鸽子口腔内有黄色干酪结节或白色点子时,及时用药。塞入克滴宝1粒,重症首次2粒,7天一疗程。

7. 赛鸽高峰时球虫肆虐日

球虫病是养鸽者为它付出最多的一种内寄生虫病,用药的频率也最高。特别是在高温潮湿的南方地区,球虫病感染更为普遍,几乎所有鸽子都是带虫者,但患鸽不一定都有明显的症状,尤其是健康而免疫力较强的成鸽。球虫被称为赛鸽高峰状态时的隐形杀手。因为,处在高峰状态的赛鸽,到处挑衅,无心吃食,食量减少;性欲亢奋,不断向雌鸽调情,休息减少;飞得特别起劲,体力消耗骤增,鸽主给它增加营养物质,大量使用维生素,促使球虫迅速繁殖。维生素B_2是球虫繁殖的最好的营养源。参赛鸽带有球虫病原体时没有明显症状,鸽主感受不到球虫的威胁。此时的鸽子不断吃进球虫卵囊,刺激体内产生相应的抵抗力,渐渐地使鸽子产生免疫力,和球虫形成均势而和平共处。但球虫在体内是不安定因素,它不断兴风作浪,破坏肠黏膜,阻碍营养吸收,穿透肠壁,拉水便,使鸽体水分大量流失,消耗鸽子肌肉内储存的能量,体重减轻,日见消瘦。鸽主看到球虫的明显症状时,一切都已经太晚了。

球虫病的发病征兆一般为:无故呕吐,食欲减退,喝水增加,体重减轻,鼻毛丛立,精神委顿,飞力下降,排条状水便。球虫寄生于小肠的上皮细胞,破坏黏膜,穿透肠壁,使病菌易于侵入,尤其是沙门氏菌,引起严重的并发症。处于高峰状态的赛鸽和配对期的种鸽,球虫病发作的可能性最大,因为此时的鸽子长期处于应激状态。如果预防球虫做得不彻底,就难免发生球虫病。

患球虫病的鸽子

球虫感染的过程和路线

任何鸽病都是防重于治,球虫病尤甚。球虫病俗称"消瘦病",属单细胞原虫寄生虫病。鸽球虫有2种:唇豆艾美耳球虫和鸽艾美耳球虫,卵囊形态分别呈球形和椭圆形,内含虫体,经外生性和内生性2种过程发育,再经无性繁殖产生大量裂殖子,破坏肠上皮细胞,严重影响消化功能,出现水便。又经有性繁殖不断产生卵囊,从粪便排出,重复感染。球虫整个生活期5天,加上外界孵化时间,前后约1周,鸽子在感染到虫卵囊至病状出现这段时间为6~7天。急性症状常见于幼鸽,慢性和亚急性型多发于成鸽。球虫发作时容易引起并发症。

预防球虫病除鸽舍干燥、定期消毒外,还要用药。在阴雨天及春、秋赛季,适量服用鱼肝油对预防球虫病很有效。鸽市上专治球虫病的药物很多,预防用药群体可用抗球粉,每月1~2次。比赛鸽在赛前3天打球虫,种鸽在配对前3天也要打球虫。病鸽治疗可用克球宝,每羽每日服1粒,连服7天。治疗球虫病用药要注意两点:一是要不断更换药品,因为抗球虫药很容易产生耐药性;二是要用用停停，停了不用当然不好，用而不停也不好。因为球虫免疫是带虫免疫，鸽子肠道有少量虫卵才有免疫力。

8. 沙门氏菌病影响鸽子繁殖

鸽人对沙门氏菌感染有许多感知，看到鸽子扭头歪脖子，便知它是沙门氏菌的后遗症；还知道沙门氏菌带菌者会传染给它的子孙，称"垂直感染"；他们还会举出许多例子，当年上海市1 000千米当天归巢冠军鸽的母亲曾患过沙门氏菌症，说明患过"歪头病"的鸽子作种不受影响。但很少人知道，沙门氏菌感染会破坏生殖系统，常造成雄鸽无精、雌鸽闭卵，所以对育种价值极高的超级鸽更要防治沙门氏菌感染。

沙门氏菌病（亦称"副伤寒"）是鸽病中最普遍、最严重的疾病之一，感染对象包括成年鸽、雏鸽和胎鸽，且雌鸽比雄鸽更容易感染，平均感染率为10%～25%。本病通过污染的饲料、饮水、粪便传播，亲鸽呕雏时口对口传播，亲鸽抱蛋时细菌从蛋壳的气孔中进入蛋内。带菌的雌鸽通过卵巢和输卵管把病原传给蛋，所谓"垂直传染"。带菌的成鸽往往不显出任何症状。

沙门氏菌病有4种不同类型，也有可能多种类型同时发生。①肠型：沙门氏菌进入肠道，典型症状是腹泻，排黏稠或水样的、褐色或绿色、有泡沫且恶臭的粪便。因采食量减少，加上肠道的消化吸收功能发生障碍，所以鸽体会迅速消

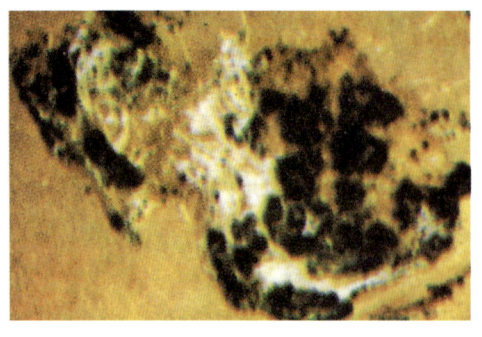

感染球虫病的鸽子排水样性带条状的粪便

沙门氏菌病患鸽翼部肿大

神 经 型
患鸽表现摇头,呈观星姿态,最终因衰竭而死亡

瘦。②关节炎型:如果严重肠炎导致沙门氏菌进入到血液中,血液能把病菌带到机体组织的任何部位。有些病菌也可能寄生在关节内,使关节肿胀,引起疼痛,为了减轻疼痛,鸽子的翅膀垂下或把腿提起来。③内脏型:该病菌特好侵犯肝、肾、脾、心和胰腺,当病菌散布到机体各个器官而成为全身性疾病时,病鸽表现精神不振、呼吸困难等症状。④神经型:脑和骨髓被沙门氏菌感染时,产生炎症,神经纤维受到压迫,使机体的平衡功能受损,并且产生麻痹症,就是人们常见的扭头、歪脖子,呈观星姿态。

治疗沙门氏菌病可用嗉囊清5毫升,兑水1 000毫升供饮,早晚各一次,3~5天一疗程。

在比赛季节,赛鸽感染沙门氏菌最危险。最有效的预防措施是供应足够的维生素和活菌制剂,并每周用低剂量的抗生素来抑制潜伏的危险。"天落鸟"进入鸽舍特别危险。"天落鸟"所以不能回归自己的老巢,一般是因为患有疾病,如果你要留下来的话,要隔离饲养一段时间。

关 节 炎 型
患鸽脚部关节肿胀,疼痛

肠　　型
患鸽肠道肿胀、溃疡

9. 鸽赛高潮与鸽痘高发同行

秋季是幼鸽赛高潮,也是鸽痘的高发期。有人以为"鸽痘不是病,自生又自灭",而且生过鸽痘的鸽子终身免疫,所以生鸽痘者多半是幼鸽,成年鸽是不生鸽痘的。这些都是事实,但是他们低估了鸽痘的危害性,当鸽痘病毒袭来时掉以轻心。鸽人皆知,幼鸽赛都是在秋季进行。这个季节为什么也是鸽痘高发期,一是频繁地集鸽上笼,鸽子在"公共场所"接触太多。二是秋天蚊虫肆虐,它们为传染鸽痘病毒非常卖力。这2条传染鸽痘病毒的渠道畅通无阻,带来了鸽痘的高发。

鸽痘根据发病的部位可分为皮肤型、黏膜型和混合型3种,其中第一种不致命,后面两种可致命。皮肤型鸽痘着生在眼睑、鼻、嘴角、腿、脚趾、肛门和翼内等裸露(即无毛部位)的皮肤上,迅速长出小结节,大如豌豆,呈灰黄色,10天左右溃烂,1~2周后干燥结成棕褐色痂,脱落后终身免疫。这种病虽不会导致患鸽死亡,但长在眼睑上的鸽痘常导致眼砂变淡,光彩全无,但不会影响视觉功能。黏膜型鸽痘发生在口腔、咽喉部位的黏膜上,初发时为白色不透明的小结,然后迅速增大,呈黄色干酪样,有臭味,剥离时会出血,鸽子常因堵塞咽喉窒息而死,或因吞不进食物饥饿而亡。混合型鸽痘是皮肤型和黏膜型鸽痘的混合型

涂抹的痘疫苗

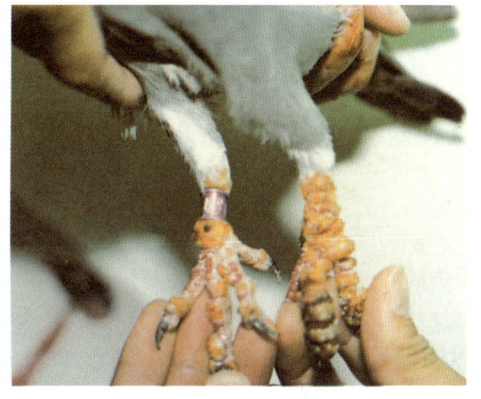

长在脚爪上的鸽痘

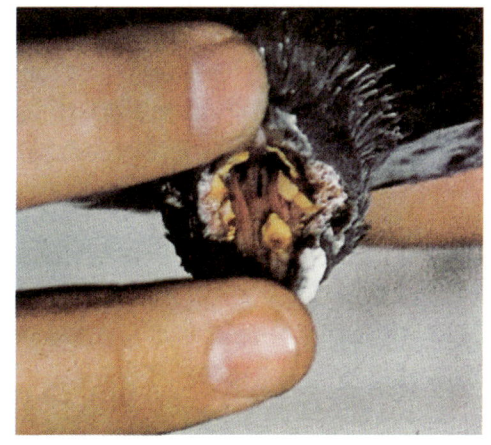

长在口腔内的鸽痘

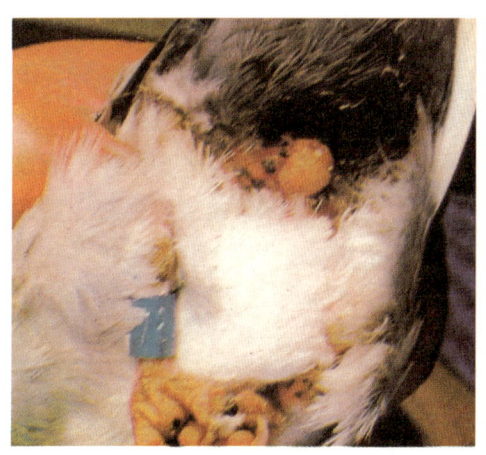

长在肛门周围的鸽痘

恶性鸽痘。

预防的有效办法是给5周龄的幼鸽注射鸽痘疫苗,但目前国产鸽痘疫苗极少,鸽友们使用鸡痘疫苗也有效,但免疫力只有30%～40%。除此法以外,鸽舍定时消毒、驱蚊等也是预防鸽痘的有效方法。一旦发生了鸽痘怎么办？一是淘汰病鸽,二是医治。专家们认为还是淘汰为好。如果是一羽血统极好幼鸽,参赛不拿名次留种也好,那么你可医治它,方法并不难,皮肤型的,把结节剔除,涂上碘甘油、碘酒或高锰酸钾作表面消毒,不久就结痂脱落。有的鸽友用电烙铁烧去鸽痘也很有效。如医治眼睑部位的鸽痘,要把鸽眼闭起来治疗,切莫伤着眼睛。黏膜型的就麻烦些,剔除时会出血,如不出血,一拨就脱离,那不是鸽痘,而是毛滴虫的病灶。因为鸽痘着生在皮肤深层,剔除时会出血;毛滴虫着生在皮肤表层,剔除时不出血。

10. 蠕虫病常使幼鸽的赛绩下滑

蠕虫病是蛔虫病、绦虫病和毛细线虫病等体内寄生虫病的总称。

蠕虫有线虫和扁虫2种类型,在线虫中有蛔虫和毛细线虫,还有一种寄生在

蛔虫发育过程

鸽气管内的比翼线虫;在扁虫中主要是绦虫。幼鸽对蠕虫没有抵抗力,特别易感。成鸽有一定的免疫力,即使带虫也不表现症状。这些持久带虫的鸽子,是幼鸽的一个潜在传染源。蠕虫可直接繁殖或间接繁殖。直接繁殖指达到性成熟后,随粪便排到周围环境中的虫卵被鸽子直接吞入即可感染。间接繁殖就是虫卵先进入一个中间宿主,并在其中发育为幼虫,鸽子吃了中间宿主,幼虫便在鸽体内长成性成熟的蠕虫。蠕虫病在很长

感染毛细线虫的鸽子身体虚弱、消瘦

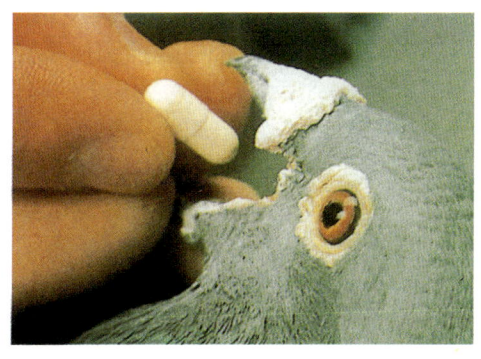

定期驱虫(1年2次)

时期内不表现症状,但不是没有症状。患鸽通常表现为贫血,饮水增加,迅速消瘦,幼鸽生长受阻和精神不振。此病对幼鸽特别危险,严重的可致幼鸽死亡。蠕虫要与鸽体争夺营养,从而导致鸽体营养不良;另外,蠕虫还会排出毒素,使机体发育受到严重影响。

蠕虫病的预防措施特别重要,因为蠕虫病会降低鸽子的生殖功能,并引起营养缺乏症,并发其他传染病。预防措施包括定期检查鸽粪,如发现蠕虫及早治疗,并进行消毒。每天清扫鸽棚粪便,南方多雨潮湿,鸽粪发酵,最易孳生蠕虫,千万不要学不铲粪的"自然法"。蠕虫卵有一层很硬的外壳,在粪便或土壤中一年以上仍有传染性。所以,应使用能穿透并破坏蠕虫卵外壳的消毒剂进行消毒。

治疗要按蠕虫类型对症下药。如蛔虫和毛细线虫,必须逐只鸽子进行驱虫,治疗用药物是克虫宝,每天1粒,连喂3天,驱虫后棚舍进行消毒。绦虫用驱虫胶囊最有效,剂量为每天1个,连喂3天,服药2小时后如出现呕吐等副作用时,可停药;隔10天再喂1个胶囊。对参赛的幼鸽或成鸽,进行驱虫时应避免3天以上连续用药。

八、赛鸽要进行魔鬼式训练

"玉不琢,不成器"。即使是一羽具有优良血统的信鸽,如不经过严格训练,也会误它一生。好种,只是一种"潜在"的竞翔能力;由潜在变成现实,得靠训练。可以这样说,每羽冠军鸽的产生,无不是养鸽者严格训练的结果。没有优秀的教练员就不会有优秀的运动员。"少壮不努力,老大徒伤悲"。信鸽的训练同样要从幼鸽抓起。当然,幼鸽的骨骼娇嫩,发育尚未健全,在训练时要适当控制运动量,过量运动对幼鸽的健康和成长是不利的。

对"多关赛"的选手鸽实行"魔鬼式"训练,这在台湾地区已习以为常了。大陆鸽友在训练超长程赛鸽时用过"大运动量"训练,这是应用了日本著名女排教练大松文博训练"东洋女魔"的成功经验。信鸽的训练是根据信鸽的生物学特征和生理特点,利用"条件反射"的原理来进行的。训练的目的在于培养、锻炼、提高和发挥信鸽固有的生物学特性,以具备完成竞翔任务的基本要素及条件。训练的方法分基本训练和运用训练两大类。训练时一般应从幼鸽抓起,由易到难,由简到繁,由近到远,由白天到夜间,由基础训练到专门训练。总之,信鸽训练,也要从难、从严、从实战需要出发,循序渐进,而盲目的、无计划的训练将会适得其反。

进门训练

过去用活络门,现在用电子扫描的敞开门,训练的方法有所不同

八 赛鸽要进行魔鬼式训练

1. 幼鸽的认巢训练

幼鸽的训练一般从28～30日龄开始。首先让幼鸽熟悉巢舍。让幼鸽在舍内互相熟悉、群居、记忆舍内情况，熟悉巢房位置和舍内设施。当幼鸽在舍内不惊慌，自由自在地飞上飞下，拍羽展翅，出现愉快的表情时，就说明它已熟悉巢房。这时就可以进行钻活络门训练了。活络门（也称活瓣门）是鸽子进棚舍的门户。如幼鸽不会进活络门，将给今后的"开家"训练造成很大困难。在幼鸽尚未出棚前，进行这项训练是最能见效的。此时它对棚外景物环境全是陌生的，你轻轻地把它捉到起降台上，它环顾四周，一无所识，好像来到一个新世界，于是产生了一种恐惧心理。此时它立刻就会拉屎，这说明它的神经处于高度紧张状态，坐立不安，只想回到熟悉的巢房中去，于是它的小脑袋就在活络门上碰撞，一旦撞开缺口，就匆匆地跳进棚舍。以后连续几次，进活络门训练便告成功。

在有条件的情况下，在鸽舍外罩上训练网（从起降台罩到鸽舍顶），以求不让幼鸽飞跑。每天打扫鸽舍时，把幼鸽放到进出口处的起降台上，喂食时只打开进口，引导它们从进口处触动金属丝活络门而入舍。这样反复多次就能自然成习惯。

总之，要使信鸽从小养成自寻巢房的习惯，一定要训练它熟悉巢舍和习惯钻活络门，否则在开家时它就呆在棚外而不进门，得每天傍晚捉它进棚，这是颇费周折的，更甚者会错认巢房发生争斗或飞失不归。

2. 幼鸽开家训练

幼鸽游棚，这是养鸽者最头痛的问题，也是"老大难"问题。但是，只要熟悉幼鸽的习性，并进行开家训练，是可以做到少游棚甚至不游棚的。幼鸽已经熟悉巢房，学会钻活络门，这时就可以进行开家训练。实践证明，较早训飞的幼鸽比较晚训飞的幼鸽飞翔速度快，所以开家训练不能误时。

在开家训练的头一天，应让幼鸽少食或不食。训练时在舍外起降台前发信号（如吹哨）诱鸽出舍，这时在舍外撒些小粒饲料，让它在舍外安静地边吃食边熟悉舍外环境、景物和地形。要注意在训练时不要发出突然响声，更不能惊吓和捕捉。每隔10～20分钟发一次信号，让

赛鸽丛书  AIGE CONGSHU

养鸽新法（第2版）

用哨音呼唤鸽子进棚

鸽入舍（先打开入口），并喂少许饲料，以作奖励。接着再发信号，唤幼鸽出舍继续熟悉环境，这样经过几天训练即可。

然后，就在每天傍晚（开始最好选天气晴朗的傍晚），当老鸽已在空中飞累了，正落在棚顶上时，把幼鸽放出来，让它跟着老鸽在棚顶上歇脚，它就会探头探脑地远望周围，熟悉棚舍周围的标记，跟随老鸽一起进棚吃食。这样接连进行2~3次，就提早1小时放出幼鸽，让它跟随老鸽绕棚飞行。如没有老鸽带着，它也能飞出去转几圈后再回来的。也有的在外留宿，而到第二天早晨才进棚的。凡是隔夜回来的幼鸽，证明它已经开家了，不必再担心游棚。幼鸽在鸽舍四周

的上空练飞，这是归巢性的基本训练。这种训练可采取下列训练方法：开始强迫它到舍外飞翔，每次飞几分钟，即呼入舍，并给予食物。在给食前先发信号，久而久之，形成条件反射，以后逐渐增加飞翔量。每天早、晚喂食前飞翔1小时。这样训练一个时期即可。

"斜日寒林落暮鸦"。每到傍晚，鸟儿归巢，信鸽也不例外。这是由于禽类体内生物钟作用的结果。但是，幼鸽也像小孩子一样，贪玩成性。如在早晨或中午放出去，它也要在棚外玩个够，不到傍晚是不会回来的。幼鸽在棚外时间过长，有时跟着附近的鸽群起飞，可能会加入它们的队伍，飞落到他人的鸽棚里去。因此，在头几次放飞时，最好有人守候在棚边。由于幼鸽飞翔能力尚未健全，难免会掉在地下飞不上来，对二层楼以上的阳台棚棚来说，如不看管，幼鸽可能丢失。至于雨天，特别是雷雨天，是断然不能放飞的，因为幼鸽的羽毛抗水性能差，一沾水就可能会像"落汤鸡"似的跌落在地上。

幼鸽的开家，同鸽舍条件关系极大。一般屋顶棚，棚前回旋余地大，比较容易开家，加之屋顶棚所处位置高，目标

明显,幼鸽出棚起飞,棚舍就在眼皮底下,不会飞失。落地棚开家困难一些,因其所处位置低,目标不明显,如果周围高楼林立,幼鸽上天后不易看到目标。有些晒台棚,幼鸽没有落脚处,又没有老鸽带飞,鸽友们就用一根长线缚在幼鸽的一只脚上,使幼鸽只能在线长的限度内飞行,一旦跌落下来,就把它拉起来,但拉线时要小心。

熟悉幼鸽性格对开家训练很重要。一些性情温顺和胆怯的幼鸽,比较容易开家;而那些脾性急躁和胆大的幼鸽,就不好对付。有些开了家的幼鸽,胆大、急躁而又精力充沛,在绕棚飞行时,它一时冲动,离群单飞,一下冲出几千米以外,一看全是陌生境界,再也找不到归路了。有些幼鸽在变化眼砂时会突然情绪紊乱,一出门就认不得家。对于上述现象,防止游棚的基本办法就是选择在傍晚时开家训练。对个性强的幼鸽,干脆用胶布把一只翅膀的十根大条粘起来,等到配上对以后再开家,但这样做会影响日后的飞翔。居住在新楼房的养鸽者要注意,因楼房往往十几幢、几十幢一个式样,幼鸽出棚飞了几圈以后,往往就找不到自己的家。所以最好在棚舍的式样和颜色方面有一个明显的标志,或插一面有颜色的小旗,以便幼鸽辨认。

如果是朋友赠送的幼鸽,除运用上述办法外,还可用"捉家"的办法:即让幼鸽先在朋友的棚舍里开家,然后捉来关养几天,在傍晚放出,其中有些幼鸽可能仍要飞回老家。这时,你的朋友抓住幼鸽,将鸽子的头部闷在水里片刻,使它喘不过气来,然后放掉,这时它会拼命飞到你的棚里。这样一次不成,再来一次。经几次惩罚之后,它也就再也不恋旧居了。

幼鸽游棚除了自然因素外,还有人为的捕捉。个别人见利忘义,趁你的幼鸽在单飞时,就把他的鸽群赶上天,把你的幼鸽裹去。也有的凭借高空棚的优势,放点水食,引诱嘴馋的幼鸽落入圈套。对付的方法有两种:一是当大群鸽子在飞时,你不要把幼鸽放出去;二是将你的幼鸽喂饱喝足,棚里为幼鸽设置栖木,保证幼鸽不让老鸽欺侮,就可以增强幼鸽的恋巢性。

3. 家飞训练

家飞训练(也叫绕棚飞行或环舍飞行训练)一般有两种方式:一是早晚2次定时放飞;二是整天开棚自由放飞(俗称

"开通棚")。这两种方式各有利弊,要根据自己的条件和需要因地制宜地进行。

(1)定时放飞 每天2次,即早、晚各一次,每次飞1~2小时。早上7时左右开棚,幼鸽飞出,主人就打扫鸽舍,换水加食,约1小时后鸽子归巢。下午3~5时按上午方式再进行一次,但飞行时间可长一些。

定时放飞对中、短距离竞翔有利,赛鸽养成了一见棚就进的习惯。在竞翔时,能及时进棚,不延误报到时间。现在比赛竞争十分激烈,有时差1~2秒就屈居它鸽之后。因此,有的鸽友从幼鸽出棚时就用小木棍赶它进棚,使赛鸽形成一停在棚上,只要一赶就立即进棚的习惯。但鸽舍的活络门或鸽子进口处的平台要稍大些,以便让鸽子从空中一降下来就能站在平台上。这样训练时要注意动作柔和,切不可性急、粗暴,把鸽子吓得乱飞。坚持每天这样训练,竞翔时赛鸽归巢停在平台上,只要一赶就立即进棚,能赢得宝贵的时间。

(2)自由放飞 每天早晨放飞以后,直到晚上才关棚。幼鸽整天在棚外飞翔或休息。这种放飞,倘白天无人看管,或鸽群飞出去落野食遭到枪打,往往造成不必要的损失。在城市养鸽,小区居民对信鸽扰民意见很多,常引起邻里纠纷,甚至对簿公堂,所以是不可取的。

定时放飞的运动量相对较小,弥补的办法是强迫飞行。开始放飞的前几天,看到幼鸽飞不多久就要降落时,设法驱赶,迫使其继续飞行,直到连续飞行1小时以上才让它们回来。经过几天强迫飞行以后,幼鸽养成了长时间飞行的习惯,即使不驱赶它们,也能飞1小时以上。定时飞行的幼鸽在绕棚飞行时,游失的现象相对减少,与自由飞行相比,幼鸽能及时钻进活络门,争取报到时间。这在中、短程比赛中是很有利的。也有人不主张强迫飞行,他们认为如把鸽子的身体养好,把老龄鸽和体力较差的鸽子与年轻的鸽子分开放飞,鸽群自然会飞得较长。

4. 短距离训练

幼鸽3月龄后,再经过1个月的家飞训练,飞翔范围在3~5千米时,就可以进行短距离飞行训练了。短距离训飞的目的在于增加幼鸽的飞翔能力,进一步开阔视野,使赛鸽在体能和智能两方面逐渐提高。

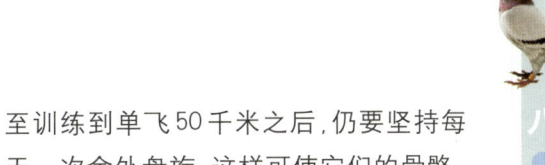

短距离训飞时,从5千米开始,一直增加到50千米。训飞距离要循序渐进,拾级而上,逐步增加。开始5千米放飞时,先群飞,后则单个训飞。休息两天后,再进行10千米群飞,隔一天再行单个放飞,这样逐步增加它们的飞行距离,直至训练到单飞50千米之后,仍要坚持每天一次舍外盘旋,这样可使它们的骨骼、体格、羽毛和眼色都达到强壮状态。

短距离训练要东西南北四周训飞,这是比赛的实战需要。有时赛鸽在比赛归巢时,飞过自己的鸽舍,再往回飞,就

单只抛飞训练

冠军鸽总是离群先飞,所以短途训练要单只抛飞非常重要

八 · 赛鸽要进行魔鬼式训练

耽误时日,经过四周训飞的鸽子就不会发生飞过头的现象。这种训练难度并不大,但是不能忽视。否则,以前的训练成果也会付诸东流。

在进行短距离训练时,最远可以增加到200千米,只要求定向飞行,并不要求东南西北各方飞行200千米。定向要求一定要与鸽会组织的比赛路线相一致,如鸽会赛程定于北路一线,那么,也就一定要选择北路沿线各站训飞。否则,短距离训飞将是徒劳的。

如果放飞距离在200千米以上,最好是集体群飞,一般以10羽左右较好。倘其中有1羽是有飞行经验的老鸽,那就更理想了。如仅有三四羽赛鸽参加训飞,可与众鸽友三三两两结伴而行。群体放飞进行几次以后,可以5羽、3羽逐步地减少,甚至到最后进行单体放飞。广东东莞台商云集,那里的鸽子训练完全采用台湾盛行的一套"魔鬼式"训练。他们每周1次,自己把鸽子送到1~200千米处训飞,即使训到比赛时报失一半也在所不惜。经过这样的训练,使鸽子在体能上和智能上都较大的提高。

以上各种训练,都属于基础训练。因此,一羽鸽子将来是否成为一名优秀"运动员",往往取决于这种基础训练。所以,短距离训飞的基础一定要打好。

5. 挤笼训练

挤笼训练往往被忽视,过去从未想到,太多的实践告诉我们,这是在临赛之前必须要做的,这对于1羽初次参加比赛的鸽子来说,是相当起作用的。因为,比赛前夕,赛鸽送去集中时,都装进鸽笼里,在运输途中喂食、喂水都在笼子里进行。试想,平时自由飞翔的赛鸽,突然换了环境,和许多陌生伙伴挤在一起,当然很不习惯,甚至惊恐万状,食欲减退,休息不宁,必然影响体质,所以赛前要进行上笼训练。司放人员在押运途中给赛鸽加食时,经常看到有的赛鸽吃喝如常,毫无恐惧心理;而有些赛鸽则挤在笼子一角,畏畏缩缩,甚至惊慌异常,食欲锐减,结果必然影响体质。这两种鸽子同样经过旅途颠簸,前者到司放站开笼放飞时,从精神到体质都会略胜一筹,在竞赛中临场发挥自然更好;后者就望尘莫及。更可怕的是,幼鸽初出茅庐,惊恐万状,产生应激反应,使免疫功能降低,在笼里感染上疾病,回来时呕吐、拉稀、厌食,即使治愈了疾病,也不会赛出好成绩。这就是上笼训练所要解决的问题。

上笼训练比较简单，只要在比赛前一周，在傍晚鸽子进棚时，把第一次准备参赛的赛鸽捉进笼子，然后用两个大口瓶，一个盛食，一个盛水，放在笼的中间，让赛鸽在笼子里采食、喝水。此时，对于新入笼的赛鸽非常不习惯，它特别讨厌笼子，会拼命挣扎，想从笼子的栅栏中间逃出来。这时，只要将笼子用布或麻袋遮盖起来，它们就会安静，到了第二天早晨照常放飞。这样连续训练几次，鸽子服笼了，送鸽上笼时就没有紧迫了，上笼训练即大功告成。但是，所用的笼子最好选择信鸽协会装鸽用的，便于赛鸽习惯笼子环境。赛鸽不多者，可用木制方笼，底层有便于粪便漏落的栅栏或丝网，以起到保护尾羽清洁的作用。不要用六角形线笼子，因其会损伤羽毛。食槽和水槽应选择信鸽协会集鸽时经常使用的，这样使赛鸽在笼子里产生一种习惯心理。当然，时下大多鸽会采用运鸽车集结，无法模拟，得另想别法。

6. 特种训练

这里所叙述的特种训练，并不是指对一些特殊用途的鸽子所进行的训练，如通信训练、负重训练等，而是从比赛的实战需要出发所进行的训练。这样的特种训练大致有以下几种：

（1）阴天训练　现下的天气变化是可测的，但测之不准也是常有的。赛鸽如果遇上阴天会严重影响归巢。一羽曾在晴天飞过1 000千米的赛鸽，若遇上阴天训放，往往会失于100千米。有些鸽子有先天适应阴天飞行的品质，不经训练它也能归巢，而另有一些鸽子遇上阴天就傻眼了。所以，阴天训练是有现实意义的。只要经常在阴天把鸽子送到5~10千米训放，鸽子就会养成了阴天飞行的习惯，如在比赛途中遇上类似的天气，便能应付自如。

（2）雨天训练　雨天飞行，要求赛鸽具有抗水性能较强的羽质。信鸽抗水性能是先天性的，但与饲养管理也有关系。要求赛鸽具有雨天飞行的胆量和勇气，这就要靠平时训练。1986年上海——西宁（2 000千米）的冠军鸽主，就是每逢雨天照例把鸽群作绕棚飞行，久而久之，鸽子就养成了雨天飞行的习惯。坚持雨天训练是有一定效果的。雨天训练与阴天训练方法相同。当然，若逢雷雨，训练则停止。

(3)夜飞训练 目的是使赛鸽在比赛时增加飞行时间,夺取好名次。鸽子的习性是白天飞行夜晚休息,但经过训练,赛鸽也会习惯夜飞,这对参加长程和超长程比赛是很有益的。如一羽赛鸽,天亮起飞,夜晚还能再飞1~2小时,对提高它的成绩很有利。1992年巴塞罗那国际赛当天归巢6羽,冠军打钟时间是零时49分,其他5羽归巢更晚。1997年上海1 000千米比赛当天归巢10羽,其中8羽鸽子是晚上7时以后报到的,最晚的1羽是11时报进的。

开始训练时,先在日落后天色微暗的时候进行,把鸽子捉离鸽棚,距离鸽棚约0.5千米放出,以后逐渐增加距离。训练几次以后,可以在天色更暗一些时放飞,等鸽子适应后再在晚上放飞。为了使鸽子在晚上容易找到返回的目标,鸽棚可开灯,但在鸽棚外绝不能开灯。还有鸽子放飞时是空肚子的,所以要在鸽棚里备好水、食,以便给归巢的鸽子采食、饮水。

夜 飞 训 练

夜飞训练还要尽可能选择障碍物较少的路线，因为鸽子夜飞时都是低飞的，很容易撞在电线杆等障碍物上。若选择有月光的夜晚进行这种训练，成功率较高。

（4）宿夜训练　赛鸽在异乡客地过夜，这在长程、超长程比赛中是常有的。所以，赛前使鸽子具有野外宿夜的本领是很必要的。训练方法：把经过东西南北四周训练的赛鸽在夜晚送到50千米以外的地方放飞，绝大多数鸽子在放飞地栖息一夜，在天亮时飞回家。这种训练虽与夜飞训练有矛盾，但只要先行宿夜训练，后行夜飞训练，鸽子就会学会两套本领，但要注意放飞距离和时间，不要让鸽子在暮色中飞回巢。另外，放飞地点以农村平坦野地为好，不要临近住宅楼房和山林地带，以防鸽子进入有灯光的楼房窗户内或受到山林中老鹰的侵袭等。

（5）断水训练　鸽子一天吃不到食可以照常飞行，而一天喝不到水就会影响健康，如果几天喝不到水，就会危及它的生命。但是经验证明，经过断水训练的鸽子，在喝不到水的情况下，比没有经过此项训练的鸽子要坚强得多，并且成绩好。上海有位鸽友用此方法训练鸽子，获疏勒河归巢，这是绝食断水训练的鸽子放得最远的。训练方法：把鸽子关在棚里，先是断水一天，它们熬过来了；继而断水2天，它们也熬过来了。一般来说，鸽子有承受2天断水的能力，在远程比赛中已足够应付。如1991年上海举行放飞哈密比赛，第一天就遇上飞越戈壁滩的难关，没有经过断水训练的鸽子就可能折戟沉沙，死于途中。

赛鸽丛书

九、用巅峰状态的赛鸽去夺冠

信鸽的生命价值在于竞翔,饲养信鸽的最终目的在于使其参加竞赛并获得好成绩。目前赛鸽是高投入、高奖金,在台湾地区不少鸽友得一次冠军就成了千万富翁,而3年拿不到奖金便可能破产,甚至跳楼。因此,每当竞赛季节来到之际,养鸽者都是战战兢兢。备训、备赛、为奖金,其中最要紧的是怎样调节赛鸽的高峰状态也称"翔态"。如果忽视这一点,那么很可能多少个日日夜夜的辛苦毁于一旦,最终给鸽主留下"功亏一篑"之叹。

赛鸽颁奖现场

赛鸽丛书 AIGE CONGSHU

1. 调节临赛状态

过去，每逢比赛时，鸽友们总是"倾巢而出"，只要佩戴中国信鸽协会的统一足环，只要能飞，不论快慢，统统送去上笼。他们的信条是"以多胜少"，明知是应该淘汰的鸽子也送出去，美其名曰"自然淘汰"。有些鸽友只希望多归巢几羽，不求速度和名次，结果损失甚大，名次无望，白白浪费了一年的心血和金钱。时下的理念不同了，参赛就是为了夺取高位名次，最好能拿冠军，所以对参赛鸽的选择极其严格。特别是指定鸽赛（上海行话叫"跑马"），如指准了，比冠军的奖金还多。对选手的要求很多，我们先从怎样调节临赛状态开始。

参赛鸽的精神状态，在临赛时要达到巅峰状态。用什么方法来判断一羽赛鸽的精神是否处在巅峰状态呢？这里没有科学仪器可供测试，只能凭养鸽者的实践经验进行判断。鸽子的极度兴奋，往往有如下表现：①舍力飞翔。在家飞时，它们总是飞在前面，当鸽群落棚休息，有几羽还在不停地奋飞。②不停求偶。这反映在雄鸽身上，即使自己的配偶孵蛋，见到别的雌鸽仍穷追不舍，说明它有旺盛的精力。③寻衅打斗。它不仅在自己的"领地"耀武扬威，而且频频地飞到他鸽的巢房寻衅。④废寝忘食。它们每每在开饭时啄几粒后就无心再吃，夜间一开灯，多数鸽子在闭目养神，而它们会立即发出"咕咕"声，在巢房里不停地打转。当然，鸽子的性格各有不同，只有与它们朝夕相处的主人才能了解它们的喜怒哀乐。⑤眼睛发红，目光极亮，耳毛耸起。

如果选手鸽临赛前翔态不佳，用什么方法促使达到巅峰状态？运动员有偷服兴奋剂的，赛鸽也有人试用过兴奋剂，只要检查不出来，成绩也无理由取消。但是用兴奋剂的赛鸽即使获得冠军也不能作种了，再说兴奋剂有时效性，掌握不好，适得其反，所以参赛者都不动这个脑筋。20世纪中叶比利时安特卫普的迪·斯吉梅克兄弟始创"鳏夫制"（寡居制）后，欧洲鸽人普遍使用了，但在我国很少使用。鳏夫制是在临赛前3天将配对鸽拆散，在集鸽上笼之前，使它们重逢片刻，捉去上笼，在司放地开笼释放，它思妻心切，归心如箭。另一种方法叫嫉妒法，前3天如法炮制，上笼前先捉一羽野雄和它爱妻关在一起，然后把原配的雄鸽放进去，在打斗得难分难解时捉去上

巢房装镜子

在赛鸽巢房内装上镜子,使鸽子感到一只入侵者和它形影不离,使它始终保持警惕,送鸽上笼时能保持高昂的状态

笼,路上炉火中烧,开笼后会奋力飞回。

我国用得较多的方法为用控制抱蛋时间来调节翔态。根据比赛集鸽上笼的时间算准赛鸽产蛋,在抱蛋第6天到第10天,亲鸽已感到孵蛋胎动,情绪激动,送去上笼,归心似箭,必有上佳表现。

荷兰夏拉肯有一套调节赛鸽翔态的方法,也可借鉴。在一间鸽舍里设12个巢房,放12对赛鸽,各占一间,水、食都放在巢房里,生活安定,在参赛前7天,他再拿一羽好斗的雄鸽放进鸽舍,但不给巢房。那雄鸽为了活命,就飞到不属于它的巢房中去抢食夺水,一场争夺战难以避免。因此,在这7天里,这12羽雄鸽为了保卫领地时时处在临战状态,把它们的翔态全部调到巅峰。倚天·迪沃斯的超级鸽"迪迪号",平时独享一间鸽舍,在参加国际赛的前2天,迪沃斯把另一羽雄鸽放进鸽舍。这下"迪迪号"立刻变了样,眼神凶煞,斗志昂扬,送它去比赛得了全国冠军。这羽鸽子归巢后并未去找它的爱妻,而是飞向那个死对头。此举为保卫领地、驱逐敌鸽法,比"嫉妒法"更高明。

鸽子是情绪化动物,许多高手在调节翔态方面日趋人性化。比利时有位赛鸽家用轮流喂食方法刺激鸽子。例如一间鸽舍置6个巢房,今天喂1号巢房,其他5个巢房的鸽子没有吃,都投以羡慕的眼光,1号巢房的一对鸽子觉得对它们爱护有加,内心产生一种优越感和自尊自信的精神。第二天喂2号巢房,其他5个巢房的鸽子都没得吃。依次轮换,这6对鸽子都有带着这种自尊自信的精神送去参赛,它们的翔绩都很好。有的鸽友在巢房里装上一面镜子,使赛鸽突然发现卧室中来了第三者,而且驱之不走,使赛鸽始终保持一种战斗状态,送去参赛必有好的表现。

调节翔态各地鸽友还有许多独特的方法,这里不一一列举了。这里值得一提的是:鸽子的巅峰状态不是调节好以后永远不会低落,有高峰必然有低谷,高峰期的长短是因鸽而异的,有的长达几天,有的瞬息即逝,鸽友们一定要把握住这个机会。

2. 参赛鸽的年龄

掌握选手鸽的基本条件也是很重要的,拿一羽耐力鸽去参加500千米比赛,即使翔态极好,也难以与速度鸽竞争,是不言而喻的。选手鸽的年龄要与赛程相适应。一般的说,凡是送出去参赛的鸽子年龄不低于1岁,此时的鸽子第一次换羽结束,雌雄鸽都已起性配对,家飞落棚或训练归巢都表现出旺盛的性要求,这是精神状态最好的标志之一。上海有个李阿五,20世纪60年代放幼鸽出了名,他参赛的鸽子是"捉在手里叽叽叽,头上黄毛几根稀,放在笼上不会飞",都在2月龄上下,但能在1 200千米归巢。20世纪80年代有位陈明,他用7月龄的青年鸽

参赛2 244千米归巢。这都是个别例子,不能仿效,要讲点科学,不可操之过急。据资料不完全统计,历次中程比赛中的90羽前3名赛鸽中,1岁鸽有51羽,占56.7%;2岁鸽31羽,占34.4%;1~2岁鸽相加,占91.1%。历次长程比赛中的89羽前3名赛鸽,2岁鸽45羽,占50.6%;1岁鸽29羽,占32.6%;1~2岁鸽相加,占83.2%。历次超长程比赛中的50羽前3名赛鸽,2岁鸽22羽,占44%;3岁鸽11羽,占22%;2~3岁鸽相加,占66%。这份统计资料说明,1岁鸽开始参加比赛,随着赛程增加,参赛鸽年龄也要相应提高。只要初次比赛的年龄掌握好,以后比赛的年龄也会自然地递增。鸽子品系中也有早熟与晚熟之分,早熟品系参赛的年龄可以适当提早。

3. 大条要完好无损

1999年春赛,笔者随上海3 500多羽赛鸽去安徽宿州,空距500千米,早晨6时开笼,鸽群冲向天空,忽然有一只鸽子掉在地上飞不起来,抓住一看,一对翅膀血迹斑斑,拉开翅膀一看,原来第10根大条只长出2厘米,充血,鸽子疼痛难忍,不能随群南飞。鸽子飞翔时第10根大条

(外侧第1根)受力最重,参赛鸽如果第9、第8根大条长出2~3厘米,只要第10根大条完整无缺即可。上笼时第10根大条长1~3厘米,常常是"肉包子打狗——有去无回"。秋季幼鸽赛经常会遇上第10根大条更换问题,鸽友该如何掌握呢?如果明天集鸽,今天第10根大条已脱落,那就不要送去上笼。如果上笼时已长出3厘米,过一夜可能已长到4厘米,虽然有点风险,但基本不碍事。再一个办法就是拔毛。上笼时新羽已长出,但不到4厘米时,就把它拔掉,两翼对称地拔,一般的说,鸽子少一根大条不会影响飞速。台湾鸽市上有一种不脱毛药水,预计上笼时要换第10根大羽时,就用棉签条蘸上不脱毛药水,塞进鸽子的肛门0.5厘米,再在肛门周围抹一下,每天1次,连抹3次,比赛时这第10根大条就不会脱落。这种不脱毛药水后经兽医师化验,实际上就是地塞米松,也可以用可的松。

4. 呼吸道要畅通

虽鸽子的品系好,养得也健康,大羽没有缺损,但如果忽略了呼吸道,那么你就白白断送了一羽好赛鸽的前程。所以,在上笼前2~3天,必须掰开嘴巴逐羽检查口腔里是否有痰,呼吸道是否畅通。鸽谚说:"口中有痰,只去不回"。这个问题在"赛季的10种常发病防治"一章已作了详细介绍,这里不作赘述。

5. 饮食要节制

上笼前要少食多饮,拿去红土。赛鸽上路,引起应激的因素太多,影响消化功能,致使嗉囊积食,引发急性嗉囊炎。500千米比赛上笼前喂个半饱,子夜出发,到开笼地已近黄昏,鸽会管理员加水加食,每只鸽子基本上可以吃到,翌日早晨空肚开笼放飞。用什么办法使鸽子多喝水?送鸽那天上午拿走饮水壶,上笼前喂水,它就比平时喝得多。但是如果你不拿走红土,红土中有盐,鸽子吃了会口渴,如果它归途中落下找水喝,那就与冠军无缘了。

6. 归巢鸽的保养要点

你的赛鸽终于从遥远的放飞点回来了!如果它争得了好名次,这当然是莫大的荣誉;即使名落孙山,也应该看作一个胜利,足以抵偿你为此付出的辛劳。但是,请不要过多地沉浸在兴奋和欢乐中，因为还有许多事情等着你去做呢!

归巢鸽体力消耗很大，由于在运输及飞行途中饮食失调，或受到病菌感染等原因，赛鸽往往表现出体重减轻、精神疲困等，需要经过一段时间的调养，才能逐渐恢复过来。做好赛鸽归巢后的保养，关系到今后的赛事，不能忽视。

赛鸽归巢后，又饥又渴，急需吃喝。但在喂食给水前，必须先用酒精棉球给它的喙部、双脚及肛门周围进行消毒，以防从野外带来病菌侵入机体。然后，备好一个大口的饮水瓶，加入少量盐和蜂蜜（或葡萄糖），最好让归巢的赛鸽喝葡萄糖水。这样做既可排除体内脏物，又可增加营养。饮水后稍作休息，再适量喂予易消化的小颗粒饲料。颗粒料吸水性强，赛鸽食后会一再饮水。水分可增进血液循环，加速食物消化，又有消除疲劳的作用，所以多饮有益。最好在晚上开灯1～2小时，以增加饮水机会。如果泡电解质给归巢鸽子喝，也很好。电解质含钠、钾、钙、镁等4种微量，也有加磷和氯的，最多是6种。鸽子平时吃的红土中也有，足够维持体内需要。鸽子比赛或训练归巢，体内水分大量消耗，电解质也跟着流失，这时供饮电解质，以平衡体液酸碱并补充水分，使鸽子很快恢复体力。

除给赛鸽喂些营养丰富的饲料外，必要的辅助饲料也要充分供给，如给归巢鸽补充一些磷酸钙之类的矿物质，是很有必要的。

经剧烈飞翔后的赛鸽体内缺氧，容易导致各器官功能失调，因而须加速机体功能的恢复。较好的方法是用薄荷涂于赛鸽的鼻孔，即先将薄荷在手指上磨碾，调拌均匀，再细心涂上。这样可加强呼吸的活力，使其气囊充满空气，增加体内的氧气。

赛鸽在长时间飞行中，眼睛难免有灰尘、细菌侵入，归巢后，应连续3天作眼部保养。方法是用眼药水（如鼻眼净）每天滴3次，以清除灰尘和杀灭病菌。切忌用抗生素药物涂于眼部，这会使眼砂褪色，加速眼功能退化。如发现赛鸽的口腔有异状（正常多为粉红色），或发现炎症和黏液，可用抗生素片研成粉末，用湿棉花沾上药粉涂于口腔，每4小时1次，至痊愈为止。如粪便不正常，可早、晚喂以牛黄解毒片半片。

赛鸽归巢的第二天，如情况正常，就给它一次温水沐浴，在浴水中加入几滴碘酒。这样，一可消除疲劳，二可去除鸽

虱等外寄生虫。

为了让赛鸽休息好,应把棚舍的门窗关起来,采取避光措施,让归巢鸽闭目养神,安静地休息。另外,要防止它鸽与之争斗,要做些隔离措施,以增加其安全感。

超长程赛鸽体力消耗自然比中、短程比赛大得多,归巢后不宜立即配对,应先把它隔离起来,隔离时间至少3个月以上。一羽超长程比赛归巢鸽,在赛前要连续3个月的训飞(其间不包括家飞),加上正式比赛,累计飞行里程约4 000千米。过度劳累常常使赛鸽推迟换羽、内质损伤,在遗传上会给子代带来影响。

所以,让归巢鸽马上配对、育雏,早抱"贵子",结果必然是事与愿违。

关于大赛之后是否接着训练,多数鸽友的做法是,继续让其训飞几个星期,而不是比赛一结束马上偃旗息鼓,这是比较合理的,当然在运动量上要有所控制。因为归巢赛鸽如同久经沙场的战将,曾经长期处于紧张的训赛状态,它们的肌肉和器官已适应这种频繁的运动,突然终止训练反而会造成损害,而适量的运动对它们恰是最好的休息。经过一段时间的调整式训练,使其逐步适应,再纳入正常训练,这样就万无一失。